Sajou × STiTCH iDÉES

來自SAJOU的禮物

法國老字號手藝品牌Maison SAJOU與刺繡誌攜手合作。

Sajou的負責人Frédérique女士為本誌設計的是，兩款以凡爾賽宮殿為主題的十字繡抱枕。

兩者皆是以瑪麗・安東尼為靈感的華麗優雅設計。

photograph 白井由香里　styling 西森 萌

petit coussin Chambre de la Reine au Petit Trianon et a Versailles

女王寢室的抱枕

01來自於凡爾賽皇宮中瑪麗安東尼寢室內的掛毯。
02則是來自位於皇宮庭園內，名為小特里亞農宮的離宮。
無論何者，靈感皆來自凡爾賽皇宮內，關於瑪麗安東尼的設計。

圖案 >>>B面

抱枕的後側使用了新品瑪麗安東尼圖案的印花布。

Chateau de Versailles

凡爾賽宮殿

向現代呈現了波旁王朝優雅宮廷生活的凡爾賽宮，是17世紀中葉時，路易14世將路易13世原本用於狩獵的行館擴建作為宮殿使用，並於1682年正式將宮廷移入。自此之後，直到路易16世法國大革命爆發的時代為止，一直作為國王寢宮使用。廣大的腹地內集結了17世紀當時最優秀的工匠所打造的宮殿，以及被譽為最傑出法式庭園的花園。庭園之中有稱作大特里亞農宮和小特里亞農宮的離宮，小特里亞農宮因王后瑪麗安東尼經常停留於此而聞名。

http://en.chateauversailles.fr/

SAJOU的針線組合。線、針和剪刀等工具皆為復刻經典的設計。是以凡爾賽宮和瑪麗安東尼作為圖案的系列。

1、2. 老圖案集封面與現代復刻的圖案集。流傳到現代的古老設計，受到刺繡和手藝愛好者所青睞。 3. SAJOU獨家印花布。有不少是以法國和巴黎為主題，相當受到歡迎。 4.在SAJOU的商品中頗具人氣的剪刀們。設計靈感來自於古早的款式。珍珠母貝和玳瑁所製作的部分，雖然現今已用樹脂取代，但卻依然是一支一支以手工精心製作而成。

Maison de Sajou

Maison de Sajou的故事

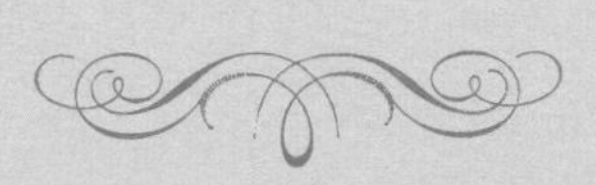

在法國，拿破崙逝世不到10年的1830年左右，Jaques-simon Sajou於巴黎13區開啟了SAJOU的歷史。Sajou將原創附錄刺繡圖案集設定為多數女性都能輕易購買的價格，利用報紙廣告郵購這樣的方式販售，因此在當時大受歡迎。即使到了今天，偶爾還能在古董店或巴黎的跳蚤市場中找到當時的圖案集。但進入1920年代後，遭逢繼承者的問題，自此SAJOU便幾乎停止了所有商業行為，最後在1954年完全停擺。

然而，讓這樣的SAJOU在2005年重生的是目前的負責人Frédérique女士。Frédérique的姓氏是Crestin-Billet，縮寫是CB。某一天她在古董店中，被19世紀古董繡線上的CB這個標誌引起了好奇心。那是Cartier-Bresson這間公司的繡線，與Frédérique小姐的姓氏縮寫相同。16歲的少女，因如此微小的契機開啟了古董手藝用品的收藏。其中她最熱衷於尋找的便是繡線。並在蒐集老繡線與其色票樣本冊的同時，也與古老的SAJOU圖案集相遇。

她在集結自己的蒐藏過程當中，了解線是產自法國北部地區，於是明白線材最好選擇來自該北部地區，像這樣開始重視各個物件出自傳統產地，並認為這是一件很棒的事。就這樣，不知從何時便想要開設一間堅持「法國製」的手藝店。在過程當中，得知了曾發行過許多優秀圖案集的SAJOU歇業一事，便下定決心這次要用自己的雙手再次揭開其序幕。

從Frédérique小姐手中誕生的新SAJOU，是從當時位於凡爾賽的事務所兼展示中心（目前不開放）開始的。目前在巴黎2區的開羅路上擁有寬敞漂亮的店面，能悠閒地選購商品。除了日本，還有美國、澳洲、俄國等來自世界各國的客人。一旦走進店面，眾多的男性客人讓人感到驚訝。有的獨自前來，又或是兩人同行，手藝工作確實並非專屬於女性，男性也應能樂在其中。店裡販售著和19世紀相同的手動捲尺等古早商品的復刻版，及由Frédérique小姐設計，重視傳統感同時也符合現代女性氛圍的商品。剪刀、繡線、緞帶、布料、十字繡用圖案及材料組等，在此能夠看到各式各樣的法國製手藝用品。

text 山下映子　現居於巴黎，手藝家。著有《普羅旺斯的手作雜貨（暫譯）》（日本VOGUE社出版）等。

位於凡爾賽宮內的瑪麗安東尼寢室。這是本期抱枕圖案設計的原形壁紙。

十字繡抱枕組合是現在SAJOU的人氣商品之一。

「這次能為各位刺繡誌讀者設計2個抱枕，相當開心，並且可以在這裡向日本的讀者帶來我們最愛的瑪麗安東尼世界觀，我感到相當幸福。」

本期Frédérique小姐為刺繡誌所設計的2個抱枕，靈感來自於凡爾賽宮與小特里亞農宮兩處皇后的寢室。她的事務所距離凡爾賽宮很近，本身也相當喜愛凡爾賽宮。每月前往參觀學習。也因此她設計了不少與凡爾賽宮或瑪麗安東尼形象相關的商品。

百聞不如一見，與Frédérique小姐一同造訪凡爾賽宮。「這個地板是那款刺繡圖案，這塊壁布是那個組合的靈感來源」在宮殿的各處，她眼中閃耀光彩訴說著，能讓人深切地體會到宮中的各種場景給予她龐大的靈感，成為創作慾望的泉源。

始終保持著16歲時找到和自己名字縮寫相同的CB字母的少女時期，那顆到了幾歲都依然能夠感動的心，成為了今日SAJOU的設計，我能理解這或許就是能夠在全世界擁有愛好者的理由。

熱愛花卉、城堡、刺繡的Frédérique小姐，販售隸屬於「法國美麗庭園」此協會的城堡庭園中樹木與花卉盛放圖案的獨家刺繡組合。將購買並完成此組合的眾人作品，串連成一個大型作品的聚會即將於9月，在巴黎郊外的城堡中舉行。

此外，也盡量避免使用在世界各地造成魚類或動物誤食問題嚴重的塑膠袋，將材料組等大部分商品的塑膠袋更改為紙盒。像這樣積極地導入新的觀念，並成為有影響力者的現在，「也重視地球環境」是活動範圍越來越寬廣的Frédérique小姐向日本讀者傳達的訊息。

Sajou Paris

SAJOU

從地鐵Sentier車站步行約3分鐘。羅馬路（Ruede Caire）旁。標誌是橘底藍字的招牌。
47, rue du Caire-75002 Paris, – France
營業時間10:00～19:00（週日公休，亦可能臨時歇業）
E-mail：contact@sajou.fr　URL：https://sajou.fr/fr/

大家稱之為SAJOU女士的Frédérique Crestin-Billet小姐，於凡爾賽。

DMC × STiTCH iDÉES

來自 DMC 古董圖案集 以8號繡線刺繡 亞麻小物

就用選自DMC古董圖案集的圖案，享受充滿古典氛圍的刺繡吧！以小捲的8號繡線來繡小物剛剛好！由3位作家各自在28ct的亞麻布上，以1股8號繡線刺繡進行運用。

photograph 白井由香里　styling 西森 萌

渡辺志保

曾任職於航空公司，於2011年開始經營「橫浜山手的刺繡教室」。除了於自家、自由之丘開設教室之外，亦在文化學校等單位擔任「刺繡點綴的小物」講座講師。
https://broderiedepapillon.com/

03
××××

迷你提袋

角落宛如裱框般圍繞的圖案搭配上文字，
製作成以稍微縱長的形狀為特色的迷你提袋。
若還有剩餘的布料，就加上同系列吊飾吧！

How to make ››› P.104
圖案›››附錄刺繡圖案集P.82

04
××××

收納包

以刺繡作為主角，搭配上條紋布料製作而成的收納包。選擇了厚度相近的布料。
使用2種顏色的繡線。
稍加變換色彩與圖案的組合，享受製作樂趣。

How to make ››› P.105
圖案 ›››B 面

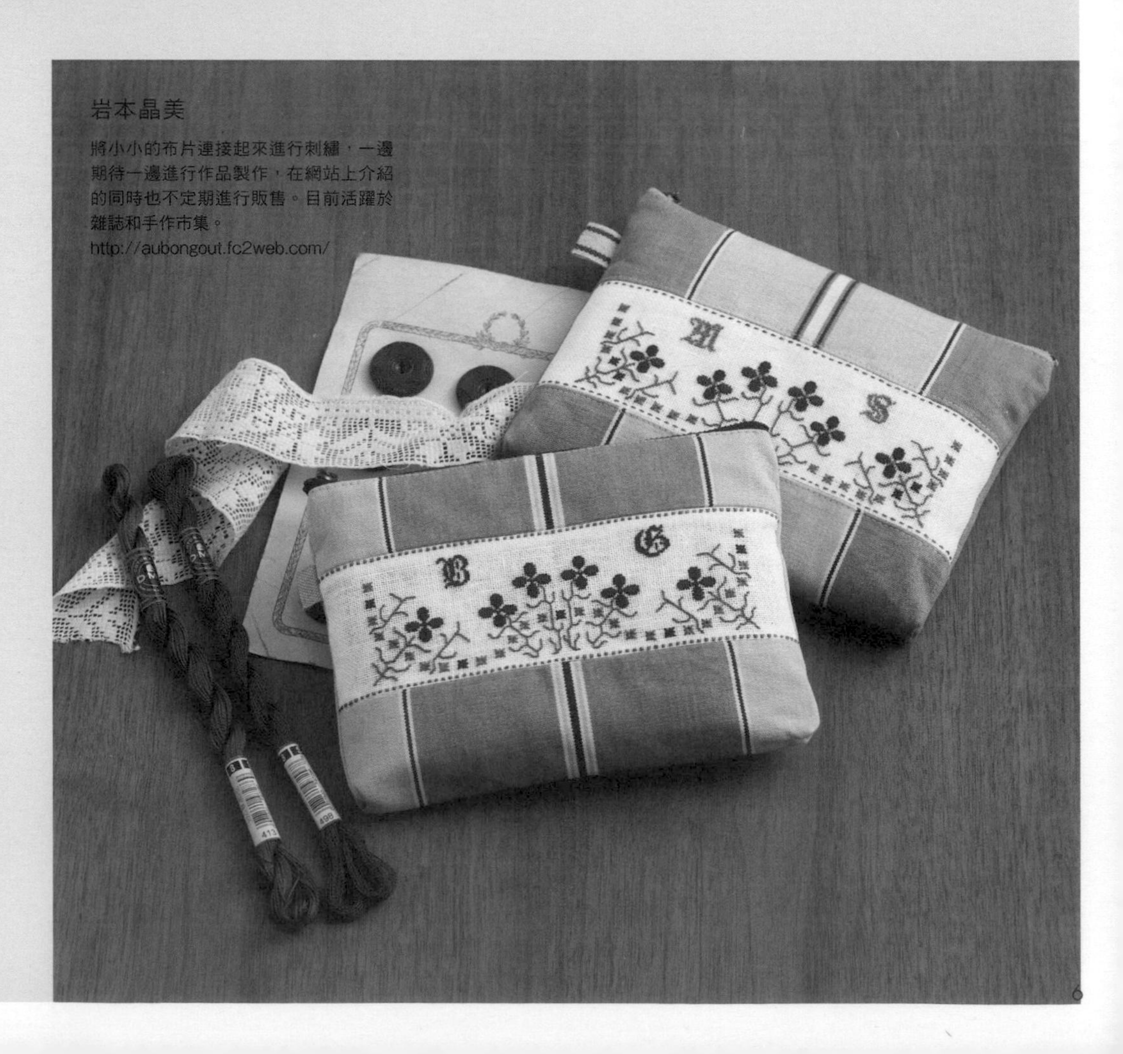

岩本晶美

將小小的布片連接起來進行刺繡，一邊期待一邊進行作品製作，在網站上介紹的同時也不定期進行販售。目前活躍於雜誌和手作市集。
http://aubongout.fc2web.com/

05

××××

樣本繡

由5種border（邊繡）及4種corner組合而成的刺繡樣本。
一邊數亞麻布的織線，一邊以良好的平衡配置。

圖案 ›››A 面

材料提供／DMC（株）DMC DMC432SO 亞麻繡布28ct、DMC cotton perle 8號繡線（25m1束）

安田由美子（NEEDLEWORK LAB）

安田由美子（NEEDLEWORK LAB）
文化服裝學院畢業後，於該校擔任裁縫教師。目前正在進行法文手藝書的日語版審定工作。著有《新手也能繡得漂亮的刺繡基礎（暫譯）》（日本文藝社發行）。
http://mottainaimama.blog96.fc2.com/

contents

日本VOGUE社相關情報請見下方
https://www.tezukuritown.com/
滿滿刺繡情報！「刺繡誌WEB」
https://www.tezukuritown.com/nv/c/cidee/

在Instagram發佈情報中！
stitchidees_nihonvogue
https://www.instagram.com/stitchidees_nihonvogue/

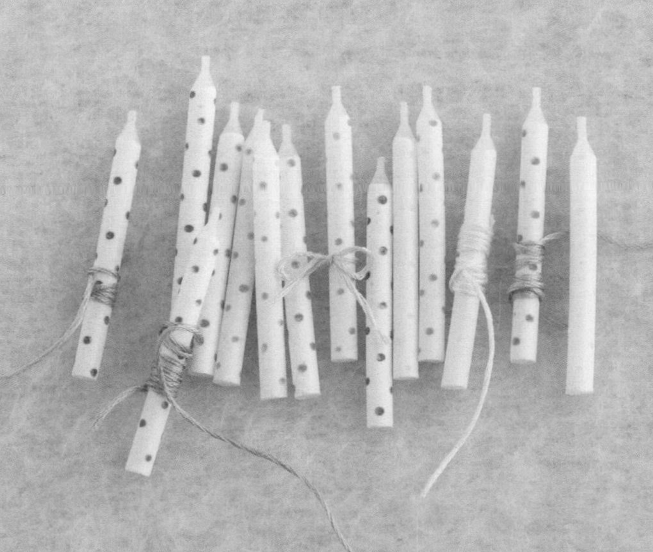

原書製作團隊

封面攝影 渡辺淑克
封面陳設 鈴木亜希子
封面作品製作 高村さわ子

特集1

刺繡歲時記

流轉的四季景色及植物，每個季節的風物詩。
就以刺繡描繪最貼近我們的季節歲時記吧！
感受季節的生活樣貌，或準備即將到來的節慶。
可享受一整年的手作樂趣。

photograph 渡辺淑克　styling 鈴木亜希子

06
××××

緞帶繡四季花卉

鬱金香、鈴蘭、繡球花、大波斯菊及山茶花。
以緞帶繡表現象徵季節的各式花卉。
直接裝在橢圓形刺繡框當成裝飾，
作為玄關或門板裝飾也很不錯。

圖案>>>A面

高村さわ子

熱愛手藝，享受著緞帶繡特有的呈現方式與氛圍。以胸針、髮圈及隨身鏡等小物為主進行創作，並不定期參加手作活動。

07
××××
花卉相簿

春夏秋冬，將季節印象的小花點綴在小物上。
雖然是同樣的圖案，但是利用繡法、繡線色彩及布料顏色，
分別呈現出季節感。

圖案>>>附錄刺繡圖案集P.88·P.89

高橋亜紀
刺繡教室「Atelier Jeu de Fils」負責人。
針對刺繡相關資訊，獨家設計的刺繡組合、織品以及重要地點等介紹並販售。
http://www.jeudefils.com/

四季の花

08
××××

生肖 老鼠

2020年的生肖是老鼠。
以吉祥物生肖及松竹梅，作成賀年的壁飾。

圖案>>>附錄刺繡圖案集P.84

09
××××

舊年去新年到

鼠年的隔年便是牛年。
在十二生肖的故事中，
據說老鼠搭在牛的頭上，在終點前跳下。

圖案>>>附錄刺繡圖案集P.85

馬渡智恵美（Kaede）

在自己的部落格「針與線」發表十字繡搭配法式布盒的作品。喜愛悠閒快樂地刺繡。
http://blog.goo.ne.jp/kaede_cm

素材提供／Olympus製絲（株）　Olympus25號繡線、No.3800Aida繡布14ct（作品09）

戸塚刺繡研究所・戸塚 薰
（製作協力／池田春美、松岡由美子）

以刺繡作品的製作為首，進行針法與材料等方面的研究，並企畫製作刺繡相關書籍。此外也進行戸塚刺繡協會會員的技術資格審查，以及企畫提昇刺繡技術的講座。

10

正月女兒節色紙裝飾

在貼上布料的色紙上，裝飾刺繡的小小色紙。
可享受隨著季節替換的樂趣。

圖案>>>A面

11

××××

女兒節

在亞麻繡布條上，
以十字繡描繪女雛及男雛。
櫻花花瓣飄零飛舞，
綺麗的春日彷若歷歷在目。

圖案›››附錄刺繡圖案集P.83

渡部友子（a Little Bird）

在網頁和部落格中介紹刺繡、法式布盒及拼布等手作的日常生活。除了於手藝雜誌中發表作品之外，也積極參與手作市集等活動。
http://www.asahi-net.or.jp/~ui5h-wtb

平泉千絵（happy-go-lucky）

以「成熟女性專屬的可愛十字繡」為宗旨，進行讓人雀躍的圖案設計及製作。具有動態感的原創動物圖案特別受到歡迎，並多次於書籍及雜誌中刊登。同時也進行網路通路販售。
https://chiehiraizumi.com

12

××××

端午節句

扛著鯉魚期的金太郎，討喜的端午節句壁飾。金太郎的動物好朋友們、粽子到菖蒲、盔甲，集合了端午節的主題元素。

圖案›››A面

13

××××

夏日帶留

在絲質腰帶布上以棉繡線進行刺繡。
日本刺繡的獨特繡法及法式刺繡的技巧，
也有相通之處。
使用胸針底座為基底進行製作。

圖案>>>A面

夏季的問候

沖 文

1987年出生於熱海。畢業於女子美術短大服飾科刺繡課程。師承江戶刺繡職人竹內政治市。自2004年起開始經營日本刺繡教室。預定由日本VOGUE社出版新作。
http://oki-fumi.com/index.html

材料提供／CLOVER（株）包釦・胸針組（圓形40、橢圓形45・55）

14
××××

15
××××

16
××××

夏日風物詩樣本繡

擷取了各個夏日印象深刻情景的樣本繡。
黏貼在卡片上，作成季節的問候信吧！

圖案>>>附錄刺繡圖案集P.86

西須久子
介紹參照P.66。

ささきみえこ

插畫家、刺繡作家。除了本業之外，在製作兒童服飾與包包的同時也經營布料精選店「花薄荷」。除了出版刺繡書籍之外，也在書本裝訂插圖等各方面活躍。著有《以刺繡作可愛雜貨樂趣（暫譯）》（雷鳥社發行）等書。
http://hanahakka.com/

萬聖節束口袋

將萬聖節圖案分別繡在亞麻棉布上，製作成束口袋。
若是裝入點心，送給小朋友們作為禮物，
他們應該會很開心。

圖案>>>附錄刺繡圖案集P.88

森本繭香

現居於北海道。經營海外手藝用品種類豐富的網路商店「cherin-cherin」，同時也提供作品給國內外出版物。著有《野花與小動物刺繡（暫譯）》（日本文藝社發行）。預定於會員制形式的迷你講座「テナライ」開課。

22

××××

以繡框作為月亮，描繪跳進月亮裡的兔子。
在兔子身體中加入了漸層，呈現出毛髮的質感與立體感。
芒草上則點綴了珠子和亮片。

圖案>>>附錄刺繡圖案集P.87

材料提供／DMC（株）　DMC25號繡線

23

××××

聖誕裝飾

以充滿香料味，
略帶大人風味的薑味麵包為印象製作。
沉穩且樸素的配色中，
紅色成為了點綴的色彩。

圖案>>>附錄刺繡圖案集P.89

nål og tråd（針與線）

受到喜愛手作的祖母和母親影響，以興趣進行刺繡・編織・雜貨等創作。在經歷留美、家飾設計師之後，赴丹麥通盤學習手工藝。目前除了在本誌等媒體上發表作品，也以刺繡講師的身分進行工作。擔任VOGUE學園東京校的刺繡講座「北歐的小小刺繡」講師。

24

××××

聖誕餐桌飾布（作品欣賞）

在編織圖案的棉布上，
加入刺繡及十字繡。
以紅色與金色的配色，
呈現出華麗的聖誕餐桌。

千葉愛子（ECRU）

經營刺繡咖啡ECRU。日本手藝普及協會•白線繡指導員。目前正舉辦證照課程，及法式布盒和原創小物的體驗講座。http://ecru.me/

 材料提供／義大利Graziano社　聖誕繡布

石井敏江

最愛十字繡與夏威夷，以動物和夏威夷圖案為中心，進行作品設計。著有《夏威夷與十字繡2（暫譯）》（IKAROS出版發行）等。
http://alohatoshie.wixsite.com/alohastitch

春夏秋冬

小熊的歲時記

從新春（NEW YEAR）開始，以春（SPRING）、夏（SUMMER）、秋（AUTUMUN）、冬（WINTER）描繪出可愛小熊的一年。

圖案>>>附錄刺繡圖案集P.85

材料提供／DMC（株）　DMC DC47SO Aida十字繡布14ct

30

××××

刺繡月曆

描繪了1月到12月的日本歲時記刺繡月曆。
每個月繡1格，簡單又可愛。

圖案>>>B面

宗 のりこ

在擔任過廣告代理商設計師一職後，2011年取得日本手藝普及協會刺繡指導員證照。以「具有故事性的刺繡」為主題設計圖案，並進行製作。使用了色彩豐富且洋溢著玩心的原創圖案所製作的各種作品很受歡迎，也有不少刊登於書籍和雜誌中。不定期舉辦體驗講座或網路販售。
http://noriginal.net/

材料提供／（株）LECIEN　COSMO25號繡線、NO.500 comb 34ct

以刺繡作小玩偶

動物圖案的玩偶，每個都是大約可放在掌心左右的大小。
也繡上背面的樣貌，無論從哪面看都可愛又討喜。

photograph 白井由香里　styling 西森 萌

32
××××

31
××××

綁上蝴蝶結的貓與魚

十字繡貓咪正瞄準大型獵物。薄荷綠的蝴蝶結及長長的尾巴好可愛。

圖案>>>附錄刺繡圖案集P.86・P.87

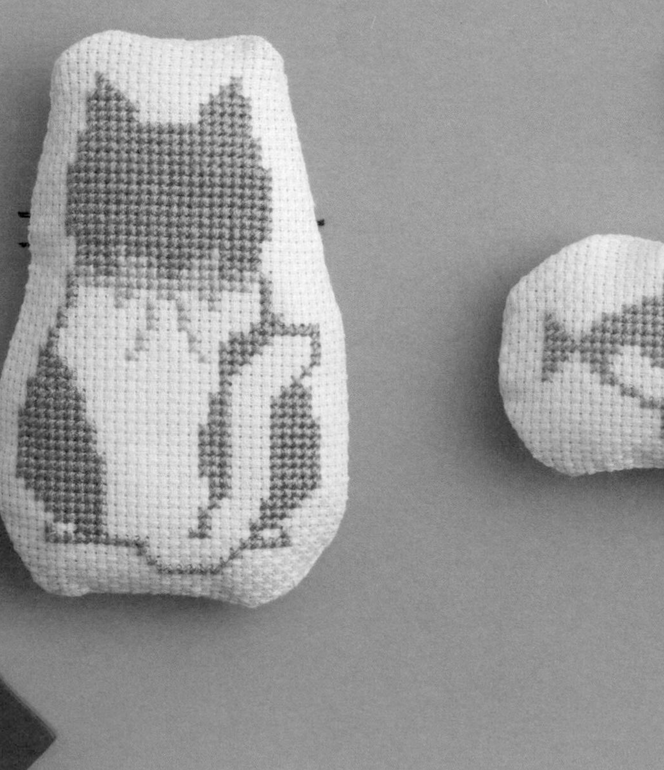

島村千鶴

以胸針創作為契機，開始了刺繡生涯。以十字繡為主，從繪本和東歐雜貨中擷取靈感進行設計與製作。
Instagram @chi_chi_home

材料提供／Olympus製絲（株）　Olympus25號繡線、No.3800 Aida 14ct

33
××××

34
××××

毛衣熊&洋裝貓

穿著編織圖案毛衣的小熊，
與花朵洋裝打扮時尚的貓咪。
還製作了圍巾及提包。

How to make >>> P.106
圖案>>>A面

なかむらあつこ

刺繡作家。不限於十字繡，運用各種技巧製作原創作品。獨特的作品也刊登於法國手藝雜誌《marie claire idées》。
Instagram @al.chemic117

 材料提供／DMC（株） DMC DC47SO亞麻繡布28ct

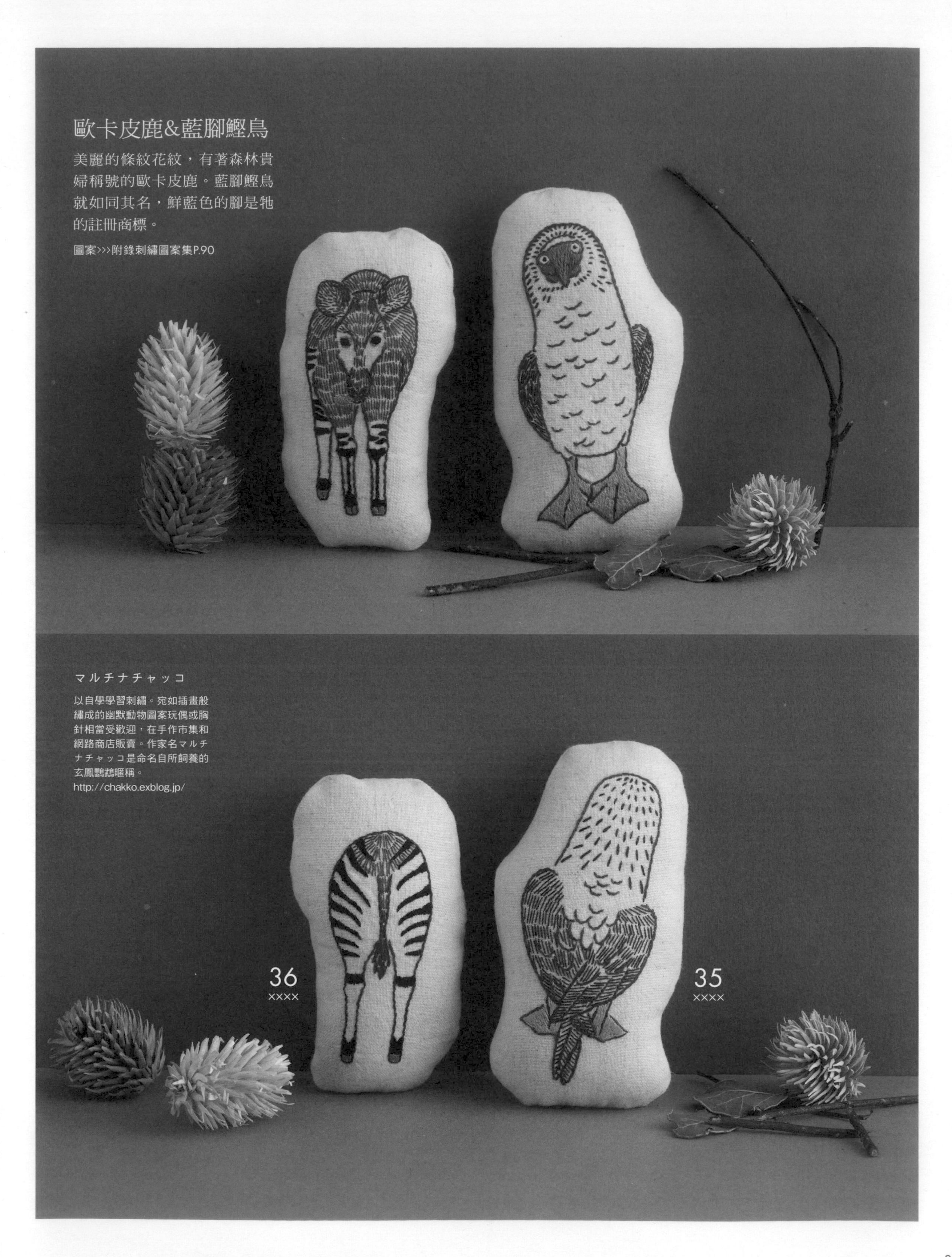

歐卡皮鹿&藍腳鰹鳥

美麗的條紋花紋，有著森林貴婦稱號的歐卡皮鹿。藍腳鰹鳥就如同其名，鮮藍色的腳是牠的註冊商標。

圖案>>>附錄刺繡圖案集P.90

マルチナチャッコ

以自學學習刺繡。宛如插畫般繡成的幽默動物圖案玩偶或胸針相當受歡迎，在手作市集和網路商店販賣。作家名マルチナチャッコ是命名自所飼養的玄鳳鸚鵡暱稱。
http://chakko.exblog.jp/

36
××××

35
××××

站立的
小貓熊&獅子

條紋尾巴相當漂亮的小貓熊。
獅子的鬃毛也以環狀的絨毛繡
作出蓬鬆感。

How to make >>> P.107
圖案·紙型>>>附錄刺繡圖案集P.91

38
xxxx

37
xxxx

あらいなつこ

※個人簡介請參照P.66。

青木和子の petit voyage 小小刺繡之旅

Vol.14 cototoko patisserie
cototoko 辻野琴美

**獨特且具有故事性充滿魅力的甜點 cototoko patisserie──
舉辦活動及與藝術家們的聯名都相當受到矚目的 cototoko辻野琴美，
本期由青木和子老師一探究竟她的甜點誕生祕密。**

青木和子（以下簡稱青）　因耳聞您自宅兼工作室新落成，因此前來拜訪，是相當具有創造性的空間呢！

cototoko（以下簡稱co）　謝謝您。因為考慮到將這裡當作店面，但因為現在忙著帶小孩，再加上活動和網路的訂單，所以目前處於疲於奔命的狀態。

青　您的點心形狀和設計多半都是古典造型，這個壓模沙布列餅乾，圖案也很少見。

co　雖然使用了德國的模具，但若不是較硬的麵團，就無法作出漂亮的形狀，因此以米粉製作剛剛好。自從有了小孩後，就變得開始講究原料了！

1 裝飾了錦葵乾燥花及覆盆子乾的白巧克力。獨具藝術性的花瓣及果乾裝飾，是cototoko老師甜點的魅力。當青木老師看見以野花模具翻模的白巧克力時，便表示與野草刺繡有相通之處，以此展開話題。 2注視著「Riz sable coco」深具魅力烤模的青木老師。 3「cototoko patisserie」和友人「ATELIER.encle d'encle」的聯名甜點。在販售會・紙博中也是共同聯名的「Riz sable coco」非常受到歡迎。
ATELIER.encle d'encle　https://encledencle.com/

青木和子

刺繡設計師。以獨特的敏銳度所繡的植物及昆蟲刺繡很受歡迎。長年整理自家庭園亦有深厚的造詣。除了雜誌、單行本之外也從事廣告和材料包設計等，業務範圍廣泛。《青木和子的刺繡生活手帖：與花草庭園相伴的美麗日常》（日本VOGUE社出版）、《青木和子美麗刺繡作品集：散步手帖》（文化出版局出版）等，眾多著書繁體中文版由雅書堂文化出版。最新著作為《青木和子的花刺繡（暫譯）》（日本VOGUE社/NV70529）。

轉為使用米粉及無奶油配方的契機是因為孩子過敏。
以「美味優先」為根本，加入了巧思，
藉由徹底烤透使得味道更加有深度（cototoko）

托友人的福，使用了日本不曾出現的德國傳統點心烤模所製作的系列。選擇具有故事性的圖案，是活動中與友人的聯名作品。沙布列餅乾Riz sable coco系列在cototoko patisserie也深獲好評。使用米粉及斯佩爾特小麥，主要是製作不添加奶油，無麩質的點心。驢子、寫作的人、拖鞋、玫瑰等圖案相當具有魅力。名稱的由來是源於「Riz＝米，coco＝有機椰糖」。

青　Riz sable coco這個系列名稱也好可愛。給人質樸溫潤的印象，圖案似乎也能作為刺繡設計。

co　雖然一開始對於依靠烤模有些排斥，但由於餅乾本身相當樸素，因此便希望以圖案及形狀引人注目。

青　我認為這相當好。雖然是食物，卻有著超越食物的可愛感。總覺得這個工作室中的物品擁有著相同的氛圍。

co　我喜歡歐洲古董般的感覺。設計是以也能用在飾品上的感覺進行思考。

青　我也是從各種事物當中獲得靈感。偶而也會來自於與刺繡無關的物品。正如同這個不鏽鋼壓模（P.29的圖片）的形狀也讓人覺得極具設計感。

青木老師的野花刺繡作品。

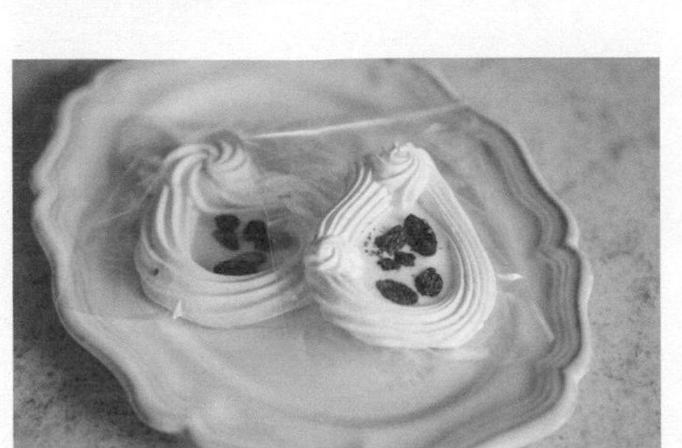

左・右圖 可說是 cototoko老師的代名詞，具有藝術感的蛋白霜甜點。喜愛歐洲的古董，所以就製作得像花圈、畫框及裝飾配件般。 中央 去年聖誕節所販售的「Riz sable coco」。在可愛包裝的加持之下，瞬間就被秒殺。

39 cototoko老師的沙布列餅乾

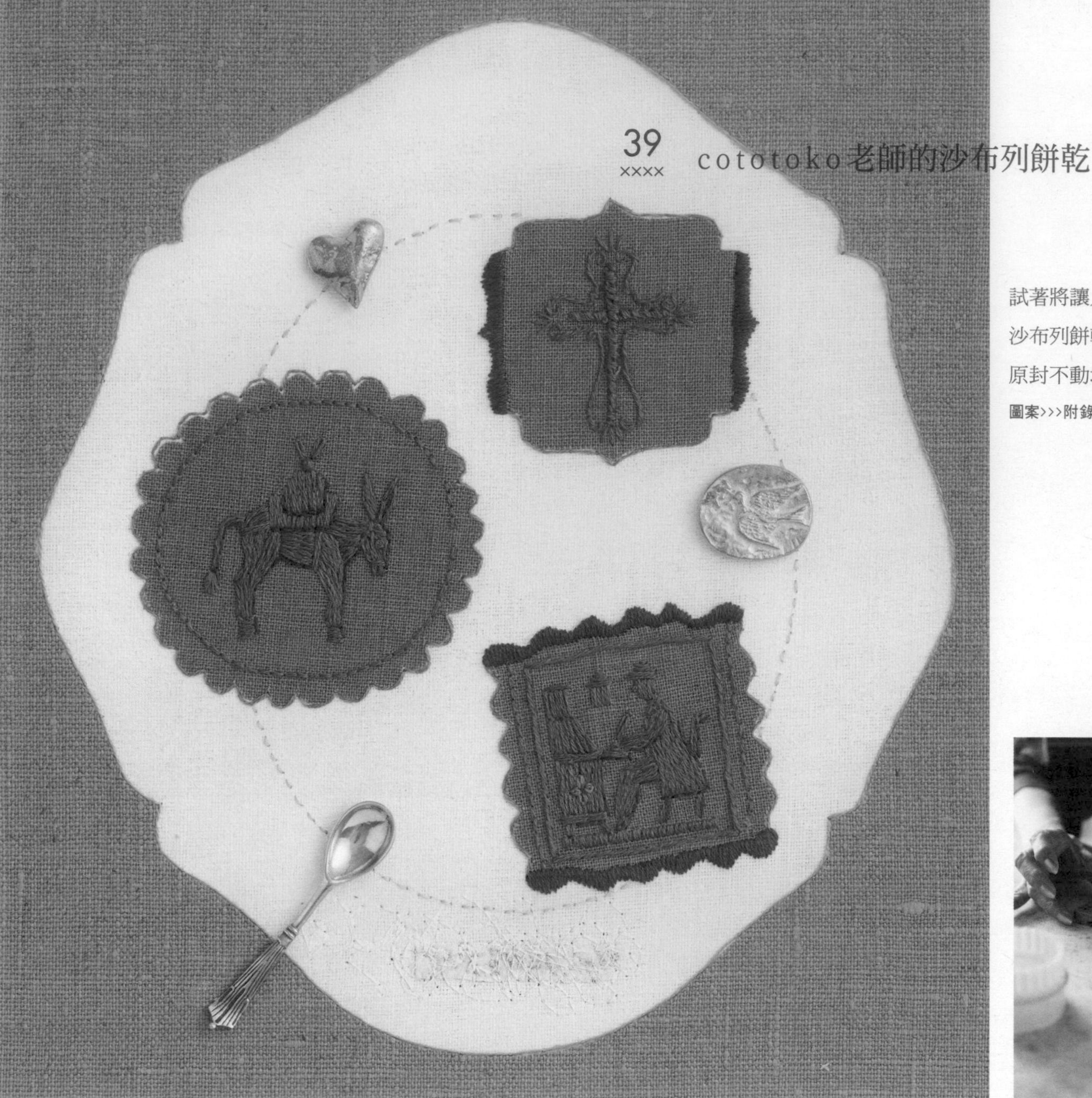

試著將讓人心動不已的
沙布列餅乾圖案，
原封不動地描繪於刺繡上。

圖案>>>附錄刺繡圖案集P.92・P.93

完全被cototoko老師「Riz sable coco」圖案吸引的青木老師。重視具有故事性的古董氛圍，將ASTIER的盤子和沙布列餅乾原封不動地以刺繡呈現。再以錫製小物和銀色小湯匙作為點綴。

要繡什麼樣子呢？
在尋找靈感的時間格外令人享受。

將喜愛的事物化成有形

青　紙製包裝也很漂亮呢！有它的世界觀。

co　是和好友兼設計師encle d'encle工坊所進行的合作。將沙布列餅乾放入信封當中相當有趣。由於周圍有很多品味出眾的人，因此在各方面都受到影響。

青　是品味人士之間的共鳴呢！能將想到的事物化作有形，我認為這也是個人的能力。因為大部分的人雖然都有喜愛的物品，但能作成形體的人並不多。

co　我認為比起單獨製作，和另一個人合作的方式更能作出優秀的作品。

青　總之，cototoko老師的餅乾不但看起來很美，吃起來當然也相當美味。為了能作得好吃，是否花費了很多的心思？

co　烤點心時就要確實烘烤。另外就是以少許鹽巴提味。原本是從製作果醬起家，隨時懷抱著不忘記被稱讚「好吃」時的開心進行製作。

青　果然最重要的就是基本功。雖然點心和刺繡，無論是在用途或材料上都不一樣，但以雙手製作這點卻是相同的。身在這個工作室當中，我也有了各種構想。要作什麼樣的刺繡呢？我會在回程時思考。

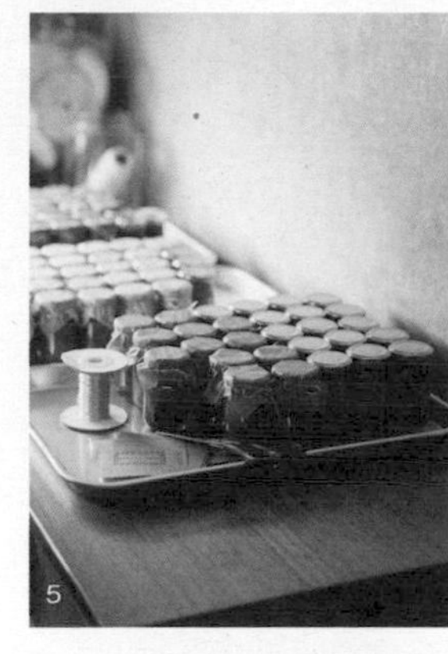

1・3 蛋白霜也在cototoko老師的巧手之下，變得宛如一幅畫，讓人捨不得吃。 2 被甜點的世界深深吸引住的青木老師。 4 在工作室中有著許多各式各樣美麗的點心模具。 5 cototoko patisserie的另一個招牌商品——果醬。 6 被整理得很美麗的工作室。能在牆面及日用品中感受到法國的香氣。考慮將來會將這裡當成店面使用。 7 cototoko patisserie和友人ATELIER.encle d'encle設計紙品的合作包裝。蘊含著在吃完餅乾之後也希望能夠被用來裝飾的想法。由於限量販售，因此是瞬間就被秒殺的人氣商品。

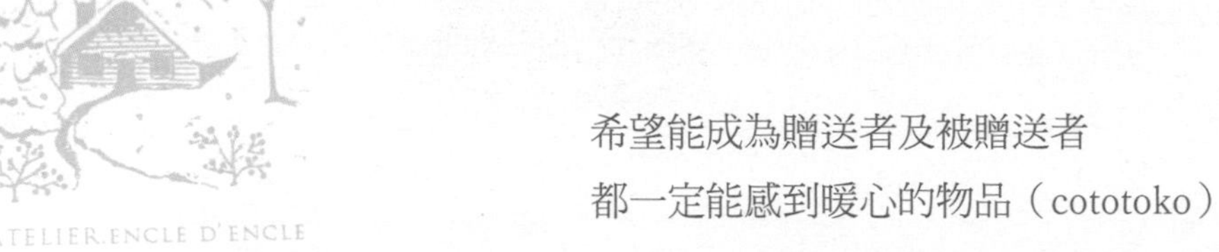

希望能成為贈送者及被贈送者

都一定能感到暖心的物品（cototoko）

cototoko ／ 辻野琴美

擁有法國藍帶學院神戶分校點心科文憑。於兵庫縣寶塚市經營當季果醬和烤點心工作室cototoko patisserie。盡可能選擇對身體溫和的材料，同時也注重外觀的可愛感，以讓身心都感到愉快，能長存人心的點心為目標。果醬是採用自家出產的水果及無農藥栽種的蔬菜等，以有機砂糖作為基底，將每個季節當季素材裝入瓶中。烤點心則是不使用奶油，以植物性油脂搭配上米粉和斯佩爾特小麥等材料，樸實卻又香氣四溢，並且會回甘的自製點心。

webshop http://blog.livedoor.jp/cototoko/
Instagram @kototoko5

毛球&流蘇的
項鍊與胸針

將混合雙色羊毛繡線所製作成的直徑3.5cm和4.5cm毛球，以水牛鈕釦固定在鹿角材質的披肩用大型別針上。

有一卷很久以前用過的羊毛繡線，線卷上寫著「手藝用毛線 ECHIZENYA」。是位於東京・京橋的越前屋販售的線。由於相當纖細，因此試著作成毛球，完成了可愛的作品。剩下的少量線條，打算好幾色捲在一起混合使用。

直徑4.5cm的毛球，需要約1束的羊毛繡線。若是直徑3.5cm，則需要一半左右。胸針是將這兩種搭配在一起，以緞帶及玻璃鈕釦組合在一起。

以針線製作的小物

過去曾是女性間必備品的針線工具及各種材料。
即使在已經完全退役的現代，依然有人為其美麗與可愛而著迷。
手藝作家松浦香苗老師，運用這些材料開始製作成飾品。
延續上期，為您介紹以實用的暖心材質製作的「升級再造」飾品。

photograph 白井由香里

頂針項鍊

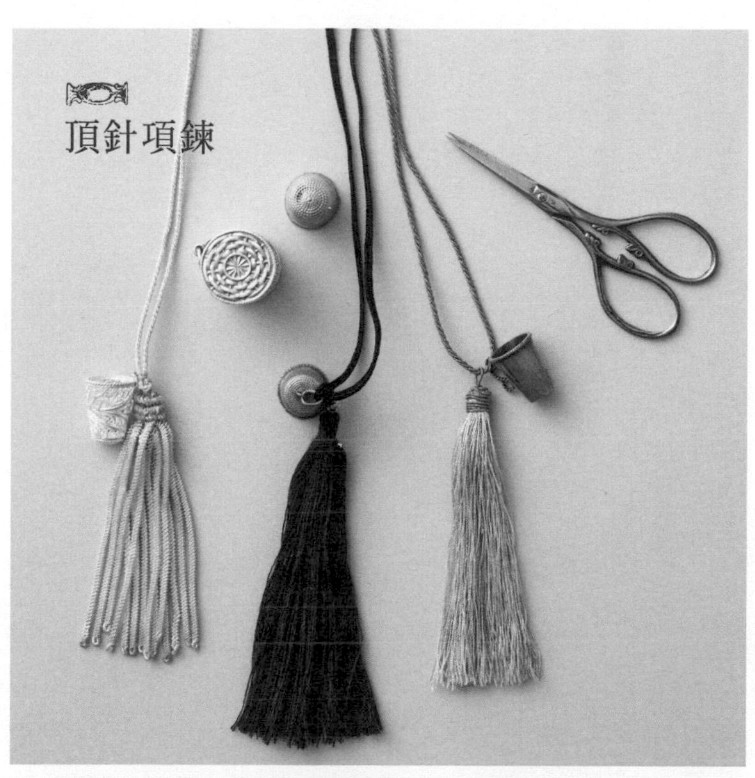

也試著將珍藏的頂針蒐藏製成項鍊。搭配的流蘇材料，右邊是銀色金屬線，中間是繡線，左邊則是古董流蘇用的飾帶。掛繩則配合流蘇選擇了銀線、飾帶等材質。

流蘇項鍊

位於地中海的馬爾他島上自古流傳的金屬工藝，將宛如絲線般纖細的銀線編織熔接進行製作，這種如蕾絲般鏤空的工藝稱之為「filigree」。搭配上filigree聖誕裝飾的流蘇，是由1950年代巴黎製的流行裝飾帶流蘇捲起製成的。沙沙宛如雪花般的質感，與細緻的銀色filigree非常相稱。

明明不擅長編織，無論是棒針還是鉤針都沒用過，卻因喜歡質地和手感而購入的毛線和麻線，在回神過來時已經滿滿一盒了！由於既沒有編織的打算，也不使用羊毛線刺繡，因而開始製作毛球與流蘇。

講到毛球，嬰兒帽綁繩或是毛線手套裝飾的強烈印象，往往給人兒童用配飾的感覺，但試著製作之後發現其實相當時髦。因此變換了毛球大小及線材製作了各種款式。

P.32左邊是麻繩編織線的毛球搭配上流蘇的項鍊。掛繩也是以相同線材捻合而成。雖然是麻質，但修剪得圓潤之後，手感竟然近似絲絨，讓人驚訝。中間的項鍊則是將羊毛繡線作成的流蘇及毛球（直徑3.5cm）上搭配了鹿角作成的聖誕掛飾。右邊是在披肩用的小別針上裝飾了直徑3.5cm的毛球及波羅的海三小國的愛沙尼亞帶回的手編襪。襪子作成了磁鐵，是大約能塞入拇指的大小。

筆盒

在裁剪拼布布片時，從不離身的FRIXION筆（百樂魔擦樂樂筆）。每次在裁剪以這隻筆依照紙型畫好的布片時，總是需要在布料之間尋找失蹤的筆，因此製作了筆盒。將用來捲布料或棉襯的圓筒瓦楞紙芯剪下，在周圍黏貼上刺繡飾條，並黏貼上底部，再加上掛在頸部用的掛繩。我將它掛在工作用椅的椅背上，經常使用。

calico釦串頸鍊＆手環

在美國calico布料當中，黑白搭配的布料於1800年代後半開始出現，並常用這種calico布料製作ring work鈕釦，並縫製成頸鍊。在剪成圓形的calico布料四周縮縫，包覆鉤編用的塑膠環。包覆好後從背面圓環邊緣內側出針，沿著邊緣進行回針縫。以相同布料製作比圓環小一圈的圓形，縮縫之後接合在背面。圓環使用斜布繩2.2cm、1.8cm2種尺寸。
頸鍊的頸繩則以calico布料作出直徑，並穿入毛線使其膨起，最後再排列縫合上以圓環製作的鈕釦。
手環是在兩條緞帶之間夾入剪成細條狀的布襯，使其硬挺。
2款皆作成可滑動重疊處以調整尺寸。

在並列的2條麻繩排列上calico布釦，製作成頸鍊。最大的布釦是直徑1.5cm，最小的則僅有0.8cm左右。本款頸鍊使用了4種大小的鈕釦。

calico是一種平織薄棉布，源於印度南部的卡里卡特（現在的科澤科德）。是如同日本江戶小紋般細小紋路的傳統圖案，並流傳至歐美。進入19世紀時，美國以新英格蘭地區為中心，建設紡織工廠，開始大量生產印花布。在此之前被視為奢侈品的印花布料，於是便能夠以便宜的價格購買，讓平凡人家在日常生活也穿得起。當時所印刷出的calico圖案便是美式calico。

鈕釦也有calico圖案。19世紀中葉，英國人開發出可大量又廉價地生產，在此之前非常昂貴的陶製鈕釦技術，白底上描繪著紅色、藍色、綠色、黑色等細緻圖案的鈕釦，美國也能夠製造。在小小圓形鈕釦上，畫上多達300種圖案，主要使用在襯衣等服飾。

美式calico布料與calico鈕釦。

鈕釦飾品

1930年代的膠木鈕釦。雖說是在跳蚤市場一見鍾情而購入，但並沒有能縫製這款鈕釦的大衣或套裝。與毛衣也不合，因此便收起來長達20年以上的時間。決定要用來製作頸鍊，以適合鈕釦的深咖啡色斜布條製作繩子，並試著排列在上面。將大鈕釦夾在袖口用的小鈕釦中間，便成了具有魄力的時尚飾品，在秋天是好搭配的裝飾。

與木頭上描繪著柊樹的老舊法國鈕釦所搭配的是，裝在古董窗簾上直徑5cm黃銅製窗簾環。二股編織繩及流蘇是以25號繡線製成。可當成項鍊戴在身上，作為聖誕裝飾也相當可愛。右邊是在打結緞帶垂掛的鈕釦添加了流蘇製成的胸針。

松浦香苗

手藝作家。自年幼起便喜愛玩布，自然而然地以最愛的布料製作物品便成了生活的一部分。著有《松浦香苗的針線活兒（暫譯）》（日本VOGUE社發行/NV70448）等眾多書籍。預訂舉行以針線製作飾品的體驗講座。
http://www.matsuurakanae.com/
Instagram @kanae_matuura

World Embroidery Guide

vol.15

Italy

被眾人與信仰守護的
阿西西刺繡—翁布里亞大區佩魯賈省阿西—

photograph & text スージー杉

阿西西刺繡的起源

阿西西刺繡的「阿西西」一詞，是指義大利翁布里亞，距離羅馬搭乘特快車2小時左右車程（175km左右），約在與翡冷翠之間的中央位置，因許多國內外旅客前來朝聖因而出名的城市名稱。從阿西西車站朝向郊外，在向日葵花田的另一頭可看見聖方濟各聖殿，及當地老街。

聖殿名稱來源的方濟各（1181或1182～1226）誕生於富商家中，過著重視與友人玩樂更勝工作的日子，但在20歲左右因戰爭被俘虜，經歷了1年多的牢獄生活，並生了場大病。以此為契機，重新審視自己的生活方式，在25歲左右走上信仰的道路。遵從天主教的啟示過著貧窮的托缽生活，並且因關懷窮人和病人、照護痲瘋病患者、修復聖達勉堂等舉動被認可，終於獲得羅馬教皇依諾森三世批准，成立聖方濟各會。相傳他將一生奉獻給信仰與傳教，晚年時獨自居住在森林小屋，向動物及小鳥交談傳教，過著修行與禱告的生活。

方濟各在死後被尊為聖人，為了表揚其功績，教皇額我略九世開始建築其聖殿，並於1253年竣工。聖方濟各聖殿內部，有眾多由契馬布埃、喬托、馬蒂尼、洛倫采蒂所繪製的濕式壁畫。遵從方濟各教誨的阿西西貴族之女佳蘭，捨棄了富庶的生活，與有志以清貧與侍奉精神生活的女性們組成了女性修道會，於1257年開設了聖佳蘭堂。一名修道女性將喬托繪製聖方濟各生平的濕壁畫，描繪成簡單的畫，並以此作為圖案刺繡，這

❶ 聖方濟各聖殿。❷ 鐵路阿西西站。 除了朝聖的觀光客之外，也能見到修女。❸ 位於阿西西老街中央的市鎮廣場。 石造的特色建築櫛比鱗次。

❶ 左方圖片的右下祭台上所覆蓋的藍色布條局部。也是以阿西西刺繡點綴。
❷ 特雷維．聖塔露西亞教會的禮拜堂。

正在製作傳統金線繡的特雷維．聖塔露西亞教會修道院的院長。據說過著一天當中有8小時的刺繡，8小時禱告的日子。她告訴我們，她12歲進入修道院，在修道院生活已經超過70年。

被認為是「阿西西刺繡」的起源。

傳統圖案與新技法

阿西西刺繡是以彩色繡線填滿的背景中，費心凸顯白色圖案的特殊呈現方式製作。初期是將圖案的輪廓直接畫在平織亞麻布上，以長臂十字繡以絲質色線填滿線條外側的底色（背景）。描繪圖案輪廓的線條，則使用黑色或與背景色線相同色彩。一般的刺繡為了表現圖案，必須思考針法的種類及線條色彩，但阿西西刺繡可說是反向思考。

與阿西西刺繡用色相同的陶板畫，可在翁布里亞大區的許多教會或修道院中見到，在藍色的背景上以白色（無色灰階）描繪圖案。此外，也保存著視為聖殿寶物之一，由希臘皇帝所賜予的掛布，據說能確認花草圖騰、獅鷲、鵰、狼情侶等美麗的圖案。這些花紋被視為阿西西刺繡的代表圖案，即使時至今日，依然被當成阿西西刺繡學院的徽章使用。

❸ 為紀念聖方濟各誕生700年所製作的阿西西刺繡布（1926年製）。❹ 古董枕頭。由於會將膝蓋置放於枕頭進行祈禱，因此圖案的身體部分已經磨損。❺ 以聖方濟各聖殿中的濕壁畫素描為原形，所設計的阿西西刺繡。 描繪著聖方濟各與羊對話的樣貌。

阿西西刺繡的布料滾邊，是以在地的傳統鉤編製作成的細緻蕾絲進行裝飾（年代不詳）。

1926年，為紀念聖方濟各誕生700年，製作了大量的阿西西刺繡作品。左右對稱的動物圖案是其特色。

在修道院中開設刺繡講座，進入16世紀之後，也流傳至修道院外，成為受歡迎的手工藝，但到了18世紀，人們漸漸地不再刺繡，大量的繡圖就這樣失傳了！然而在1861年的義大利獨立後，掀起了傳統工藝復興運動，阿西西刺繡再度被人們想起，並於1902年創立了方濟各阿西西刺繡研究所。也因此阿西西刺繡的傳統圖案和設計被復刻，製作方式則採用了新的想法。繡線從原本的絲線改採用棉線，過去在布料上直接描繪圖案輪廓的方式，則改以數布目進行的雙面繡，背景也從長臂十字繡變成十字繡。另一方面，繡線使用咖啡色或藍色色調，圖案輪廓使用黑色或背景同色的傳統則被保留，確立了現今的阿西西刺繡型態。

阿西西的老街上，以附近蘇巴修山切割的石材所建造的房屋，還有各種店鋪沿著坡道並排建立。從14世紀至今，許多朝聖者以及觀光客在參拜聖方濟各聖殿之後，在當地住宿、購買伴手禮、用餐，或許這是從以前就未曾改變的風景吧！其中，禮品店的刺繡製品品項豐富，即使是墊布或書籤等小物，也給人有特色且具存在感的印象。

❶ 首先先以黑線的雙面繡繡出圖案邊緣，再以紅線十字繡填滿其中。製作中的作品，雙面繡只繡了往前的部分，可看見以點狀描繪的圖案。❷ 位於距阿西西約30km外的首府佩魯賈的翁布里亞物產館展示品。帶著流蘇的優雅桌布，以及象徵天空的藍色繡成的枕頭。❸ 將纖細花草圖騰繡成長條狀的大型桌布。

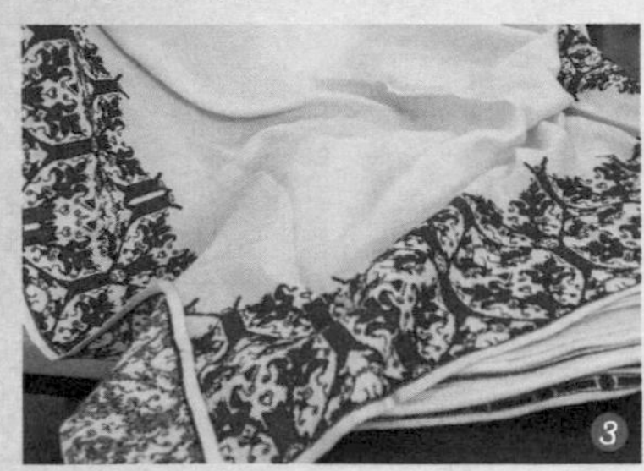

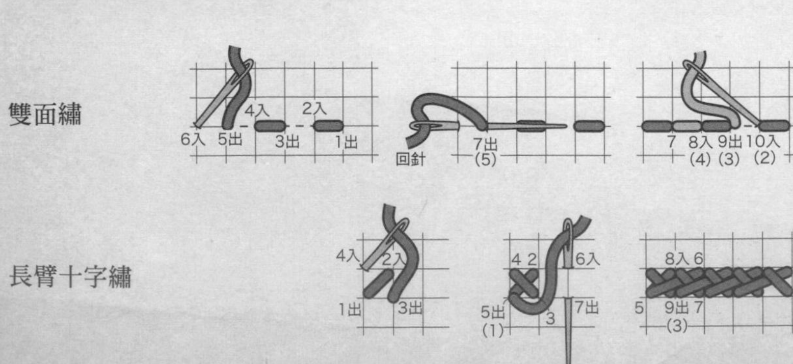

❶ 阿西西老街街頭。坡道很多，傳統的石造屋並排搭建。❷ 阿西西街頭，到處都是讓人感受到虔誠信仰心的磁磚畫（中央）由於白天觀光客較多，因此建議一早就先到處走走。

隨著近代化，在世界各地的傳統工藝當中，有許多刺繡已經沒落，現在只能去博物館欣賞。阿西西刺繡也曾衰退，但隨著眾人熱心的牽線，藉由打造能連接過去到現在，現在到未來的支援組織體制，因而可以強力復甦。並且，經過數世紀被信仰引導的同時進行刺繡的眾人、貧困女性們學習刺繡維生藉以當成經濟自主的手段，或是不分老少在刺繡學校學習的同時進行交流並共同製作，透過這些事蹟才能夠傳承至現代。在阿西西現在也依然認為，不依賴機械，由熱愛刺繡的人們手工刺繡的細緻作品，才是真正的阿西西刺繡。

スージー杉

現居於埼玉縣川口市。隨著丈夫調職，在夏威夷生活13年、馬德里3年、倫敦3年半，並學習各地的手藝和文化。師承夏威夷拼布大師，已故的John Serrao，認定具講師身分。在日本VOGUE社拼布塾中學習瘋狂拼布，在VOGUE學園中學習刺繡，並獲得日本手藝普及刺繡協會刺繡部門講師執照。作為手藝研究的一環，將持續前往世界各國的旅程。
https://peng.tokyo/

阿西西刺繡的第一把交椅Raffaella老師（左）與筆者。位在Raffaella老師的工作室中。Raffaella老師從中世紀的圖案、陶器上的花紋、幾何學圖案、鳥的姿態、文藝復興時期的藝術，以及聖經等事物當中獲得靈感，發表原創的阿西西刺繡作品，除此之外，也從事阿西西刺繡的指導，以及展覽和定期刊物的策展人等工作，業務廣泛。

❸❹ 教會祭壇布與其局部。以雙面繡美妙的曲線進行十字繡滾邊，讓圖案看來清楚浮現。

40
××××

Makabe Alice

以Olympus25號繡線製作秋日的刺繡

平時就慣用Olympus 25號繡線的Makabe Alice老師。
優雅的光澤與沉穩的色彩平衡，易於刺繡，便是讓人喜愛它的理由。

photograph 白井由香里　styling 西森 萌

菱形樣本繡

試著以不同的色彩繡橄欖、小鳥與草花圖案。
分別使用了10種色彩的Olympus25號繡線。
由於色調一致，
即使顏色數量很多，也能呈現平和的氛圍。

圖案 ››› 附錄刺繡圖案集 P.94

41
××××

Makabe Alice（作品40～42）

刺繡作家。進行提供手藝雜誌作品，舉辦個展、體驗講座，參加企畫展等業務。將季節運行當中所感受到的小小感動及喜悅化作形體……以這樣的信念每日運針。負責日本VOGUE社的通信講座tenarai當中「Makabe Alice老師的草花刺繡課程」。最新著作《植物刺繡手帖（暫譯）》（日本VOGUE社發行/70544）
https://makabealice.jimdo.com/

秋色迷你提袋

將出現在P.40樣本繡中的圖案變化成別種設計。
以掛旗風格排列橄欖枝。
小鳥的藍色成了點綴。
共使用了Olympus25號繡線5色。

How to make >>> P.108
圖案>>> 附錄刺繡圖案集P.95

42
××××

在日常生活中加入刺繡

在嶄新的布料中加入各種想法
以針與線自由地描繪的圖案——
縫紉，似乎擁有著豐富日常生活的神奇力量。

photograph白井由香里（P.42～P.45）　蜂巢文香（P.46～P.49）
edit & text 梶 謡子

引用自最新著作《植物刺繡手帖（暫譯）》（日本VOGUE社發行）。 1／將原野中綻放的草花改變布料和顏色進行刺繡。「即使相同圖案，也會因配色而改變感覺，這就是刺繡的有趣之處」 2／大面積繡上花朵的胸針。「這款試著改變配色刺繡，圖案要怎樣擷取？要以什麼顏色的線刺繡？全都是些讓人開心的煩惱」

Stitch for life 1

Alice Makabe

充滿生命力的草花模樣 引發創作慾望

Botanical motif

1／「植物刺繡手帖」封面的迷你提袋。在白色亞麻布上以藍色單色刺繡，就產生了宛如線畫般的感覺。「繡線股數或針法依照情況選擇使用，悄悄地凸顯節奏感。」 2／集結了可愛野花的樣本繡是《草花刺繡》（Shirokuma社出版）刊登的作品。 稍微黯淡的用色充滿鄉愁。3／這些是剛繡好的布。「接下來預定要作成眼鏡盒，配合布料顏色，也稍微改變了配色。」

以針線呈現植物告訴我的小小喜悅及感動

——— Makabe Alice

朝向天空努力舒展葉片，從柏油空隙中綻放惹人憐愛花朵的草花——。將這樣充滿生命力的植物樣貌，使用針及線仔細呈現的Makabe Alice。自幼便喜愛手作，每當在布料店看見許多布料時都興奮不已。以生產為契機開始製作兒童服飾，也曾在文化服裝學院的推廣課程學習服裝製作。

「剛好在那時，試著挑戰了一直想學的刺繡，發現比想像中還要有趣，原來刺繡好像很適合自己。」

自此便以自習的方式學習刺繡，能作出自創刺繡小物的Makabe，受到友人邀請加入社團，開始在部落格發表作品。「當時以麵包、籃子等圖案為主，作品風格也和現在不同。我覺得就是要和別人不一樣，在某方面才能更加自命不凡！」她懷念地回顧過往。

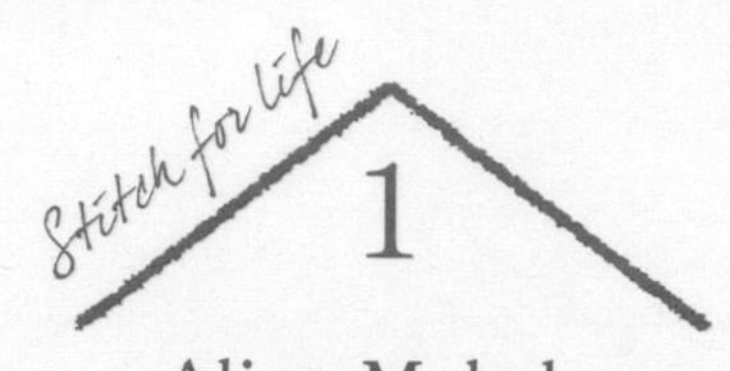

Alice Makabe

滿室光輝的工作室是被喜愛物品圍繞的中意空間

Atelier

1／四處擺設了老舊工具，布置得易於使用的工作室是質樸又舒適的空間。「新圖案及配色的構思主要是在白天進行。無論多麼專注，到了下午5點半就會放下手邊工作，著手準備晚餐。」 2／即使製作中似乎也會不經意地吸引目光，房間內不能缺少植物。植物圖案的數字樣本繡在體驗講座中也是人氣作品。 3／舊玻璃儲物罐儲存著小碎布。「由於是無法繃入繡框的大小，因此連胸針也不能作。打算某天拿來作成針插。」 4／慣用的是Olympus25號繡線。將3束的分量剪成100cm對齊，事先依照顏色分類放置的話會很好用。 5／慣用「三條本家みすや針」的法國刺繡針。由於針孔較小，因此下針流暢。」 6／經常使用的針會依照種類區隔，收納在手工針插上。 7／布料會使用有深度的抽屜站立收納。 8／隨身裁縫工具就以「BOX & NEEDLE」的箱子集中保管。

配色的考量
也是展現本領之處。
尋找只屬於我的色彩

面臨轉機是在5年前。睽違25年，再次造訪年輕時曾生活過1年多的以色列時，在那邊有了許多發現，人生觀也似乎有點不同。

「奇妙的是，在此之前不經意入眼的植物，看起來變得生意盎然。從此便徹底觀察植物的姿態，進行素描。尖尖的葉片或圓潤的果實形狀等，植物的姿態百看不厭。在察覺到這樣的植物之美後，刺繡就變得越來越有趣。」

在製作作品時，最耗費時間的就是圖案製作。從大量的素描中選擇圖形，一邊捕捉植物的特徵，一邊轉換為刺繡。

「並非直接描繪現實中的植物，將如何設計當成重點。配色也會因季節而使得有感覺的色彩不同，因此一邊在布料上排列繡線，一邊尋找協調的顏色。刺繡時，讓人覺得最有趣的事，或許就是在找到屬於自己色彩的那瞬間。」

一邊參考累積繪製下來的素描，
一邊進行設計

1／名叫「小花園」的刺繡畫板是《草花刺繡》的封面作品。活用各種針法的特色表現4種花卉。 2／「今後也想要致力於動物圖案」Makabe老師表示。在鮮明的藍色繡布上以粉紅色繡線描繪兔子，並以繡框取代相框。 3／繡上草花的餐墊也是出自於《草花刺繡》。目前除了在自己的網站販售原創材料組之外，也在日本VOGUE社的通信講座tenarai中負責「Makabe Alice老師的草花刺繡課程」。

Book & Idea source

4／植物圖鑑是供素描參考用。「William Morris的壁紙和織品合輯中，有許多構圖和用色的靈感。」 5／第一本著作的刺繡繪本《原野之花和小小鳥兒（暫譯）》（myrtos）與其原畫（右）。「所有頁數都以刺繡點綴，故事也是我自己構思的」。中間的《草花刺繡》是第一次單獨出版的圖案集。最新著書《植物刺繡手帖》（日本VOGUE社／NV70544）。 6／累積3年左右的植物素描，以愛用的藍色FRIXION筆（百樂魔擦樂樂筆）繪製。

Stitch for life

2

Saki Iiduka

Sashiko for daily life

目標是生根日常的創作

1／以隨機針目進行線繡，完成樸素質感的茶壺墊。是也可以伸入手指當成鍋墊使用的好物。「先縫出正方形之後，將四個角在中心對齊，接著分別將上下2邊進行捲針縫。」 2／由2片藍染手帕縫合成的簡單披肩。留下較長的刺子繡線頭，當成流蘇。

自己的生活 自己打造 刺子繡是中繼點

——飯塚咲季

被綠意豐沛的山野環繞的群馬縣高山村。移居至此，已經快要4年。

「這裡原本是祖父母生活的地方。全家一起將已經不用的老舊倉庫改建，由於想作為人們聚集的場所，因此7年前以母親為中心，開設了藝廊商店『kaerutop』。」

在山形度過學生時代，對於當地文化和民俗學感到興趣的飯塚老師，畢業後繼續留在山形，和朋友一起經營咖啡館。拉著兩輪車販賣不符合標準的蔬菜，在發展這樣根留當地的活動時，遇見了庄內刺子繡。爾後，就與當地女性一同成立了「針屋艸絲」，製作並販售刺子繡日用品。

「現在也緩慢地持續活動，對我而言，刺子繡是製作生活必需品的手段之一。不單只是為了消耗使用，也是探索手作原貌的所在。」

Bag & Pouch

1／宛如蝴蝶般可愛的圖案是稱作「蛾刺」的庄內地方傳統圖案。改變配置，製作成大小口金包。 以小巾刺繡的訣竅，一邊改變針目長度，同時每排橫向進行刺繡。 2／將小布片隨機縫合，再繡上刺子繡的迷你束口包。越用越有味道，手感也越佳。 3／2的右側束口袋後側。若是將前後作成不同樣貌，使用樂趣也加倍。 4／將正方形的3個角落縫合製作成信封樣式，加上肩背帶的話就變成了斜揹小包。 5／蓋上4的掀蓋樣貌。每一塊布都改變刺子繡方向或繡線顏色，就更能增添豐富樣貌。

以刺子繡與修補縫為中心，彙整了飯塚老師手作生活的第一本書《生活中的小小手作 刺子繡小物和修補縫（暫譯）》由日本VOGUE社發行。

Saki Iiduka

耗費約1年的時間，將破舊不堪的倉庫進行DIY改造

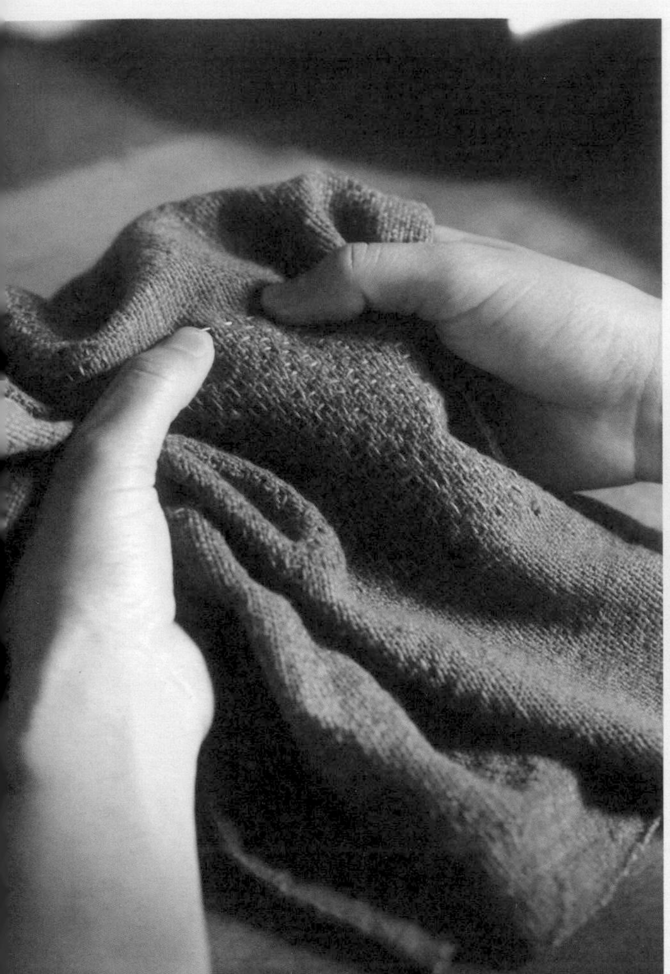

1・3／將自家腹地內的老倉庫改建，並命名為”純粹生活小屋”。 工作機台上方設置了高架床，小屋一隅備妥廚房。「最近連縫製作業也在這邊進行」 2／在染成藍色的大塊布料上繡上「柿花繡」。「稍微繡一下就停止，覺得厭煩了，就這樣放了好幾年－一直不斷重複，因此始終無法完成」 4／將經常使用的裁縫用具和線，集中收納在竹製便當盒中。「只要有了這個，到哪都能作針線活兒。」 5／在裁布剪刀的手把上捲上繡線，成為專屬於自己的記號。 6／據說刺子繡線也幾乎都使用自己染的線。「柿澀液也是自製品。 我希望只要是自己的雙手能夠作到的事情就自己試著製作。」塞入剩餘的線材和布片的玻璃容器宛如飾品。 7／最近不再購買新的布料，將從別人那裡取得的廢棄手巾或碎布等布料自己染色再利用。「洗褪色的手巾，質感柔軟，完全合手。」

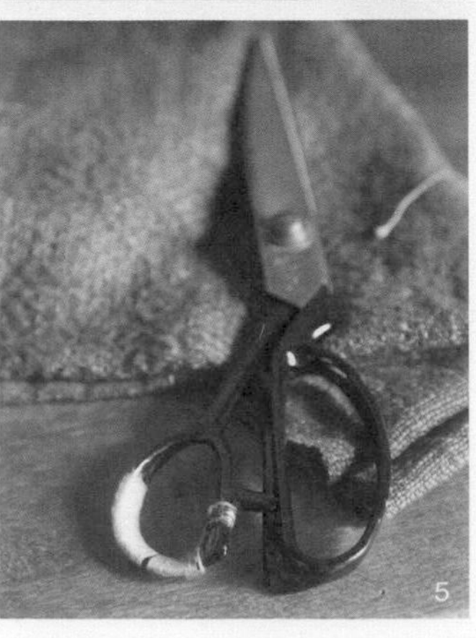

Mending & Darning

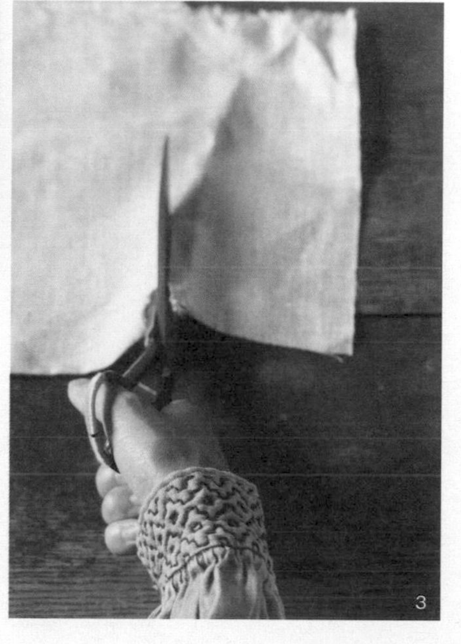

1／以刺子繡改造牛仔襯衫。 也在磨破的部分加上刺繡，成為毫不突兀的點綴。「在反覆洗滌之中，線與布會逐漸融為一體，這也是它吸引人之處。」 2／飯塚小姐平時慣用的手作披肩。「由於布料末端這個部分稍微欠缺些什麼，因此加上布片，繡上了刺子繡。」 3／在襯衫袖口上裝飾了「柿之花」。「由於袖子太長，因此修剪過後加上袖口布修改。」 4／把剩餘的線連接起來製作成的襪子。「每次磨破時就會補起來，很珍惜地穿著它。」
https://kaeru-top.wixsite.com/kaeru

親手製作並修補生活必備用品，希望能珍惜地使用

一邊向在地籃編師父學習，同時挑戰籃編。 5／具有高度的木筒籃，是用來放置廚房工具或餐具剛剛好的大小。 6／稍淺的平籃，可盛裝剛採收的蔬菜，或是替代托盤放置雜物。「自己動手作，對它也會更有感情。」

Basketry

傳承自祖父母及雙親的製作基因

從事農業維生的爺爺、擅於DIY的父親、喜愛手作的奶奶和母親，對於徹底傳承了手作基因，長大成人的飯塚老師而言，針線是自幼起就在習以為常的存在。

「一旦需要包包或收納包等必須品時，我有購買之前會先考慮自己是否能製作的習慣。若是沒有喜歡的款式，那就自己來，自然而然地學會了動手製作。」

長大成人後的今天，這點依然從未改變。除了以自然農法種植蔬菜之外，製作染布用的藍染液或柿澀液，籃編、倉庫改造等等，生活所需之物盡可能都想自己製作，對於縫紉工作的本質也逐漸改變看法。

「對於為了製作作品而特地購買布料逐漸感到懷疑，最近會從別人那裡取得廢棄的手巾或碎布，並加以活用。若破掉就修補，長久珍惜地使用。令我感受到由自己的雙手，打造生活本質的喜悅。」

COSMO

COSMO「錦線（にしきいと）」新色上市！

金蔥線・彩色繡線的閃亮小物

日本製的手工刺繡用金蔥線「錦線」新色上市。不同的光澤及霓虹色彩等，5種風格迥異的繡線共57色。請享受閃閃發亮的繡線吧！

photograph 白井由香里　styling 西森 萌

43

××××

歐根紗小袋

使用了霓虹色與閃亮色，分別以不同針法刺繡。請享受繽紛的配色及繡線的質感。

圖案>>>A面

池田みのり

在刺繡公司擔任企畫•製作，致力於材料組和繡線的開發。著有《以連續圖案玩 簡易刺繡（暫譯）》（日本文藝社發行）。

Instagram @minori_ikeda

44
××××

數字吊牌&胸針

在紙張上繡數字的吊牌，
輪廓以回針繡製作。
內側則是直針繡。
整組的流蘇也很可愛。
胸針則簡單地繡上連續圖案。

圖案>>>A面

45
××××

幾何學花紋針插

以刺繡表現直條紋、格紋和圓點花紋，並在四個角落縫上以同樣繡線纏繞珠子製作成的線球。

How to make &圖案 >>> P.109

星野加那美

自年幼時期便開始接觸手藝。多摩美術大學畢業後便任職於刺繡公司，擔任繡線、布料、用品等企畫與開發，並負責材料組合包的設計和製作。

閃亮吊飾

活用金蔥線，
製作了閃閃發光的綴飾。
流蘇及繩子也使用了相同線材。
以金蔥線刺繡時，
建議以繡框繃緊布料進行。

How to make ››› P.110
圖案›››A面

宮田二美世（NOEL）

以「LOVELY・HAPPY・想每天帶著走的刺繡」為主題進行作品製作。經營刺繡教室「SALON DE NOEL」。
Blog http://www.ameblo.jp/salon-de-noel/
Instagram @salondenoel

玫瑰花束&
擁有閃亮羽毛的小鳥

活用鮮明繡線色彩的2款小物。
繡得分量十足，
展現小巧卻不容忽視的華麗感。

圖案›››A面

長谷川和希

因為遇見大塚あや子老師的書而開始刺繡。入圍AJC創作比賽刺繡部門。於神戶Fashion舉辦個展。VOGUE學園、NHK文化中心講師。
Instagram @a_gold_needle

以MIYUKI亮片&珠子製作

高級訂製服珠繡胸針

以重疊的亮片及閃亮的珠子，製作優雅的胸針。
高級訂製服珠繡是以容易製作的技巧，
享受宛如古董首飾般的成品。

photograph 白井由香里　styling 西森 萌

蝴蝶結與扇子胸針

將2款樣式的胸針，
製作金與黑的不同色彩版本。
以針線將亮片與珠子
縫合固定在歐根紗上進行製作。

How to make & 圖案 ››› P.55、P.112、P.113

51
××××

53
××××

52
××××

54
××××

あべまり

自年幼起就熟悉刺繡，在大學畢業後獲得歐風刺繡指導者的證照。以傳統技法為基礎，能在現代生活中慣用的時尚作品風格相當受到歡迎。除了在各地開設體驗講座之外，目前也在NHK文化中心開設能快樂並確實學習技法的刺繡教室。
http://atelierm.blog.so-net.ne.jp/

以高級訂製服珠繡製作胸針時

需要準備的材料與工具

1.歐根紗（白）HC201　23X23cm2片裝。用於珠繡的底布。
2.珠繡針K5481　4支裝　最適合進行珠繡的針。
3.4.珠繡線HC152 #2（米）・#4（黑）　聚酯纖維製・單卷1000cm　在繡B・E時使用黑色，其他則全部使用米色。
5.珠繡裡布組合（珍珠白）HC200 #1　用來將珠繡製作成胸針的裡布與襯布組合。詳情請參照P.112・P.113。

作品51～54使用材料

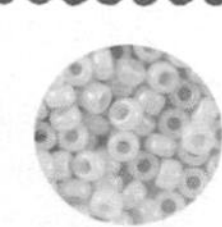
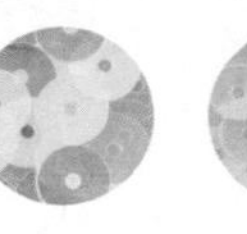

	種類	編號
A	亮片	HC124 #101 SOLEIL4mm
B	亮片	HC124 #112 SOLEIL4mm
C	亮片	HC104 #100 六角形4mm
D	管珠	H62/3mm #3
E	管珠	H5105/3mm #451
F	小圓珠	H5044 #421
G	亮片	HC115 #200 平圓形5mm
H	亮片	HC114 #220 平圓形4mm
I	亮片	HC104 #200 六角形4mm
J	亮片	HC104 #220 六角形4mm
K	亮片	HC105 #200 六角形5mm

作品52的作法重點（No.51作法相同）

A～K是右上方亮片及珠子的種類
（數量僅供參考，請配合圖案調整）

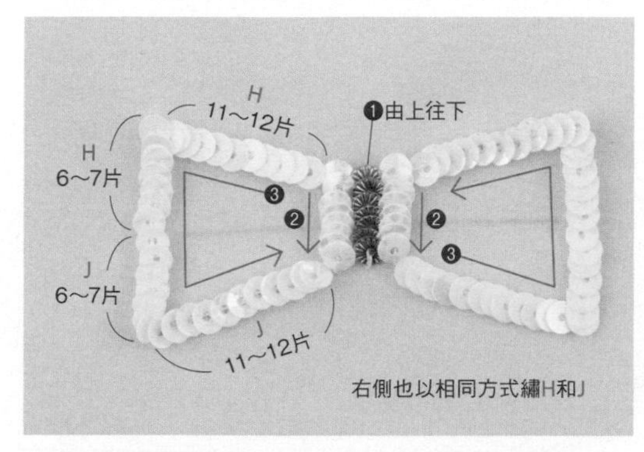

1

❶在中心連續繡7片A
❷①的兩側連續繡8片J
（呈倒凹狀倒下）
❸連續繡H和J

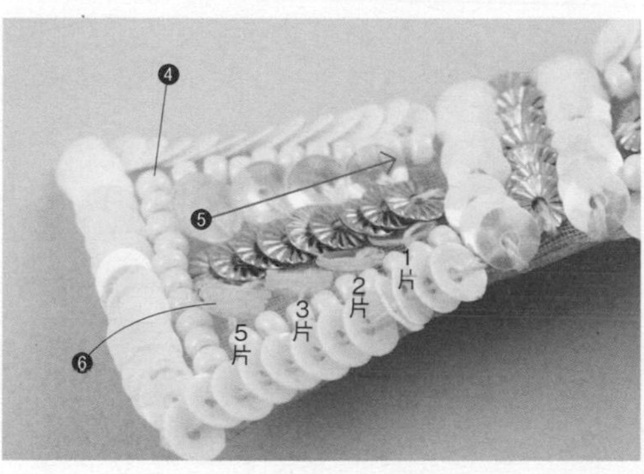

2

❹在亮片內側以回針繡上F（繡成ㄈ字形）
❺連續繡9片A
❻在⑤的兩側以單側繡繡上I
（各固定2次，重疊5片・3片・2片）
※右側也以④～⑥的相同方式刺繡。

作品51（圖片為實體大）
用B繡❶和❺
（其他作法與作品52相同）

作品52（圖片為實體大）
完成。
胸針的作法和圖案
請參照P.112・P.113

作品54（圖片為實體大）
用B繡❶❷、E繡❸❾❿⓫
（其他作法與作品53相同）
胸針的作法和圖案
請參照P.112・P.113

作品53的作法重點（No.54作法相同）

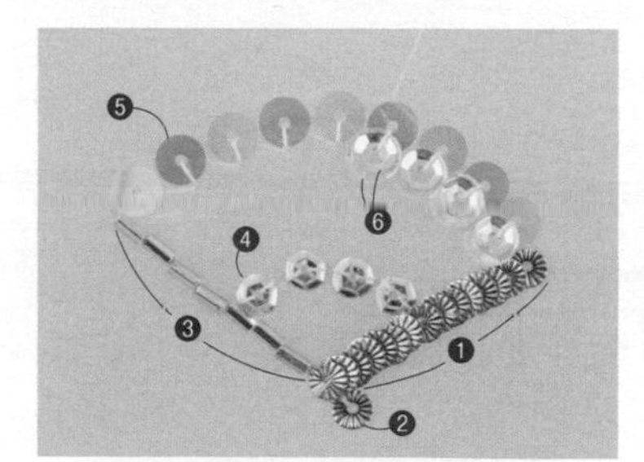

1　❶連續繡15片A。❷以單側繡繡1片A（固定2次，稍微遮蓋於①的下方）❸回針繡7個D　❹以兩側繡繡4片C（呈倒凹狀倒下）　❺以單側繡繡9片G　❻重疊C和K進行單側繡（共計9組）

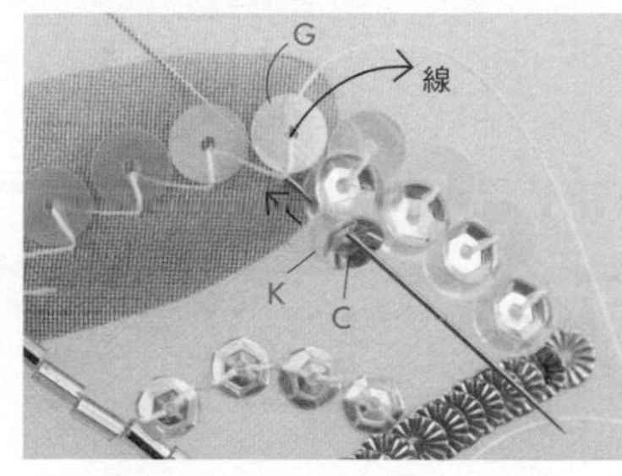

2　在繡⑥時，從⑤的G針孔出針，依照C・K的順序穿針，並在G的邊緣入針。G和K重疊半徑長度。

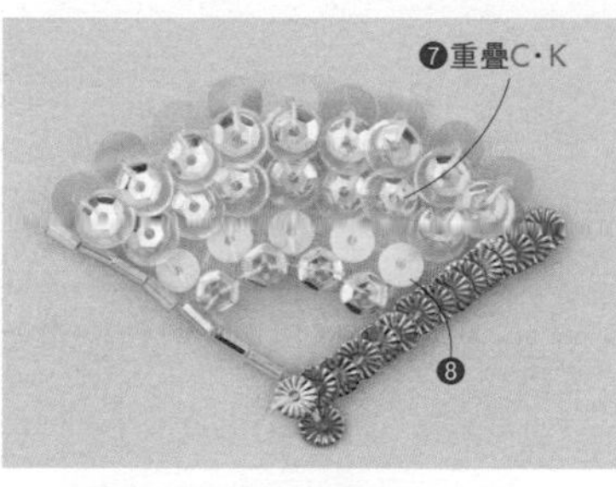

3　❼從⑥縫上的2片K之間出針，重疊C和K，進行單側繡（7組，僅中心，呈V字固定2次）　❽以兩側繡繡5片H

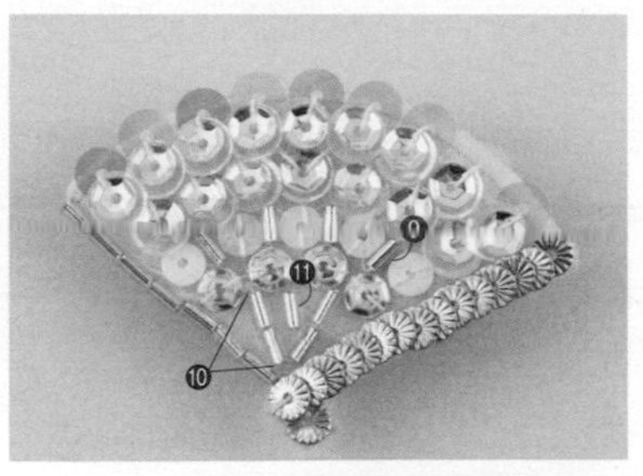

4　❾在H之間，以直針繡的方式繡1個D（4處）　❿以釘線繡繡2個D（2處）　⓫在⑩之間繡1個D（作法與⑨相同）

株式會社MIYUKI
https://www.miyuki-beads.co.jp

※串珠飾品專賣店「Beads Factory」
https://www.beadsfactory.co.jp/

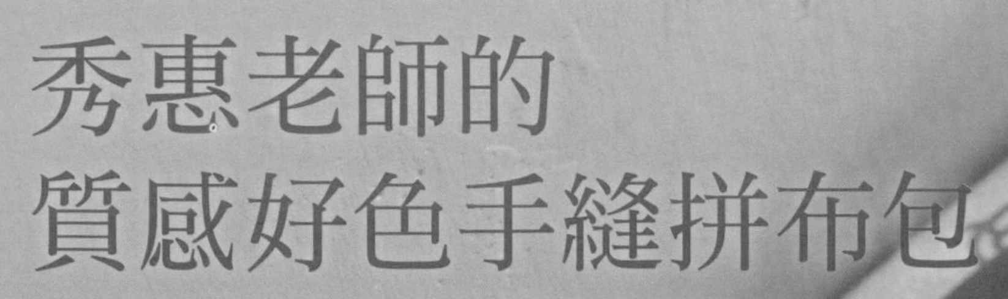

秀惠老師的
質感好色手縫拼布包

本書附有詳細作法說明及兩大張精美紙型，秀惠老師不藏私的在書中示範多樣化技法，除了初學者必學的繡法，基礎圖形拼接、布花製作、貼布縫基礎、提把製作，更加入了老師許多全新設計的獨門小技巧，此外更收錄了封面作品「愛之船提袋」及超人氣的「薰衣草長夾」全圖解教學，非常適合具有拼布基礎的初學者挑戰，略有程度的拼布人，亦可在書中找到更多職人的創意，將其運用在拼布袋物的創作，定能激發出更多靈感的火花！

手作，是人生最棒的調色盤，相信喜歡拼布的您，也絕對能夠描畫出屬於自己的每一幅精彩。

秀惠老師的
質感好色手縫拼布包

周秀惠◎著
平裝128頁／21cm×26cm／
彩色＋雙色／定價580元

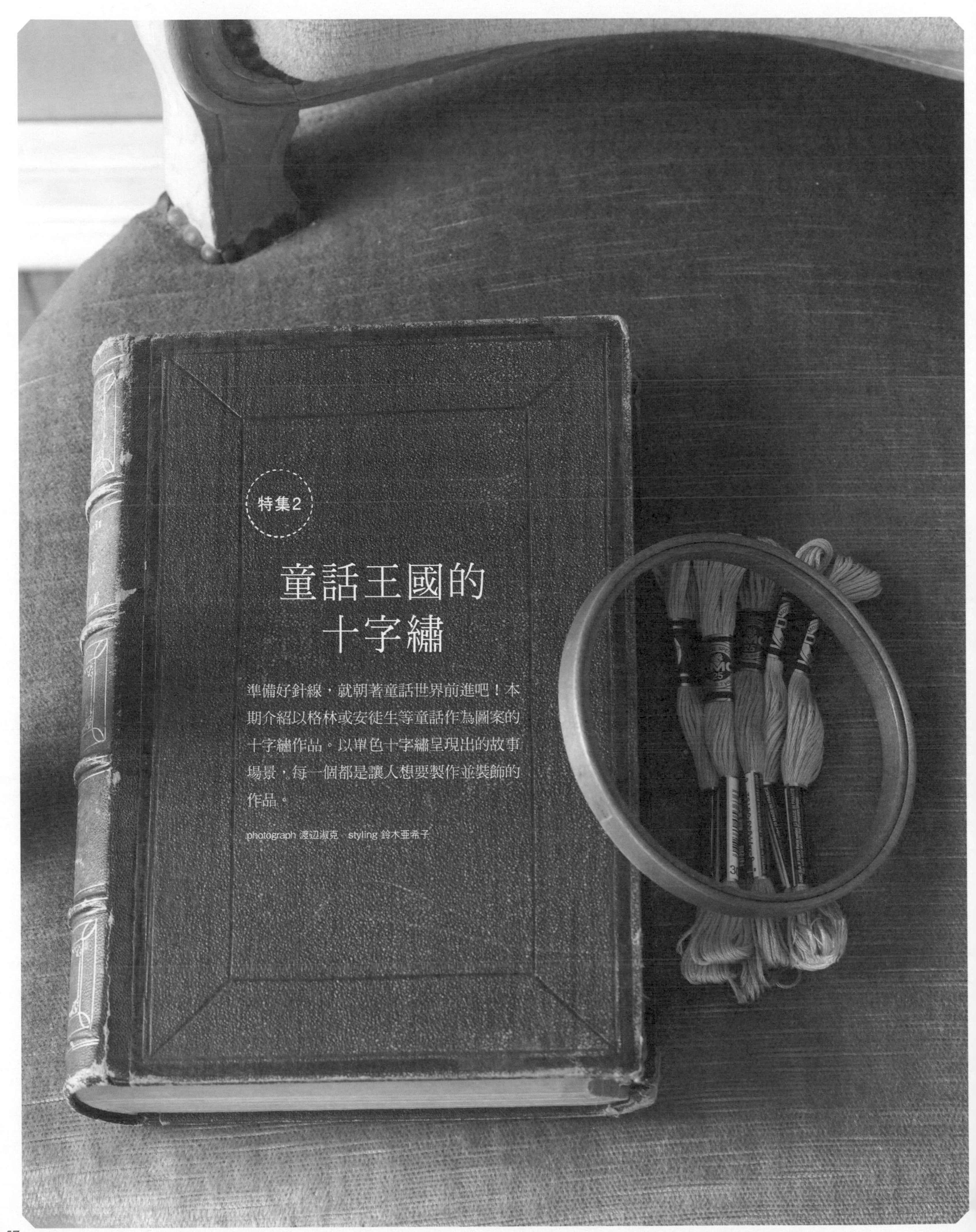

特集2

童話王國的十字繡

準備好針線，就朝著童話世界前進吧！本期介紹以格林或安徒生等童話作為圖案的十字繡作品。以單色十字繡呈現出的故事場景，每一個都是讓人想要製作並裝飾的作品。

photograph 渡辺淑克　styling 鈴木亜希子

55

××××

小王子法式布盒

小王子與玫瑰、吞象蟒蛇、狐狸、猴麵包樹等，
將故事中出現的圖形填滿了整個圖案。
四周文字則寫著小王子的名言「最重要的東西只用眼睛去看是看不見的。」原文。

圖案>>>B面

『小王子』

描寫意外墜落在撒哈拉沙漠的孤獨飛行員，與只想追求「真實事物」的純潔小王子，兩人之間的互動，是一本不朽名作。
安東尼・聖修伯里作。

井上ひとみ

法式布盒作家，以位於東京都渋谷區的工作室為據點，經營法式布盒教室。著有《法式布盒 BOOK》（日本VOGUE社／NV70276）。
http://www.cuuto.jp/

材料提供／DMC（株）　DMC25號繡線、DC67SO亞麻繡布32ct

『長髮公主』

擁有金色長髮的少女拉芬彩兒，被魔女在高塔中撫養長大。有天，長髮公主和王子墜入愛河。被魔女拆散的2人是否還能再度重逢呢！格林原作。

56

××××

長髮公主框飾

被囚禁在高塔上的拉芬彩兒，以美麗的長髮將魔女與王子拉上高塔。
以剪影圖案及幾何學花紋呈現出故事的幻想世界觀。

圖案>>>A面

三井由佳（Bloom）

在市集或展覽會製作並販售原創作品。
於VOGUE學園札幌校擔任講師。
http://bloom321.exblog.jp/

 材料提供／DMC（株）　DMC25號繡線、DC47SO亞麻繡布28ct

『小精靈和老鞋匠』

鞋匠為人老實。卻越來越貧窮，皮革終於只剩下一雙鞋子的分量。然而到了隔天早上，不可思議地皮革變成一雙美麗的鞋子，並且立刻賣出去。相同的事情持續發生，直到某天夜晚，鞋匠偷窺工房，出現了2位小精靈。格林原作。

57

××××

小精靈&老鞋匠掛軸

老實鞋匠的工房內，每天晚上都會有小精靈來幫忙。
將唱著歌愉快縫製的小人樣貌設計成剪紙風格。
剪影圖案的掛架也是重點。

圖案>>> P.102・P.103

設計 Nitka　製作 廣村理恵

「Nitka」是指線的意思。從小小的1條線所衍生出質樸又優雅的世界…最喜歡這樣的刺繡，每日與線遊玩進行製作。
http://www.nitka.work/

『勇敢的小錫兵』

愛慕著芭蕾舞孃人偶的小錫兵，某一天被風吹起掉落在路邊。這是關於小錫兵艱辛的冒險以及消散在聖誕節，美麗又奇幻的愛情故事。漢斯・克里斯汀・安徒生原著。

58

××××

勇敢的小錫兵框飾

在粉紅色亞麻繡布及白色亞麻繡布上，
以紅色單色繡上的小錫兵與芭蕾舞女孩的故事。
作成了組合大小繡框的雙層框飾。

How to make >>> P.110　圖案>>>B面

なかむらあつこ

個人簡介請參照P.25。

 材料提供／DMC（株）　DMC25號繡線、DC47SO亞麻繡布28ct、MK0024繡框（直徑12.5cm）、MK0028繡框（直徑25cm）

59

××××

白雪與紅玫抱枕

將要好的姊妹白雪與紅玫故事中所出現的熊、森林中的動物們以及矮人圖像，宛如樣本繡般配置，製作成枕套。由於是要接觸肌膚的用品，因此使用了優質的亞麻布。

圖案>>>B面

『白雪與紅玫』

白雪與紅玫是感情很好的姊妹。和母親3人生活在一起。冬季的某一天，巨大的熊來訪，並且在外出辦事的路上遇見了不知感激的矮人。格林原作。

小寺綾子（EarlGray）

製作繡上細緻十字繡的布小物，並刊登於雜誌上，除此之外也以舉辦體驗講座等方式積極活動中。
Blog　http://blog.earlgray.ciao.jp/
Instagram @earlgrayaya

材料提供／（株）越前屋　MATALBON繡線、ZWEIGART・Edinburgh（亞麻繡布36ct）

『拇指姑娘』

從花朵中誕生的拇指姑娘，某天晚上被癩蛤蟆捉走，丟棄在荷葉上。經歷了一段驚濤駭浪的旅程，最後寄住於野鼠家的拇指姑娘，在被迫與地鼠結婚之前，乘上燕子的背，遠走高飛。漢斯・克里斯汀・安徒生原著。

60

××××

拇指姑娘油畫框飾

以十字繡呈現出小小拇指姑娘的冒險故事。
將背景繡滿，圖案留白，
成熟的氛圍與居家布置也很協調。

圖案››› P.111

立川一美

刺繡作家。文化學校講師。
以個展為中心進行活動。
Instagram @kazumi.tachikawa

繽紛古典繡
聖誕餐桌

特殊的日子裡，餐桌就以刺繡增添色彩…
義大利傳統刺繡古典繡賦予了紅×綠的聖誕配色，洗練的印象。

photograph 白井由香里　styling 西森 萌

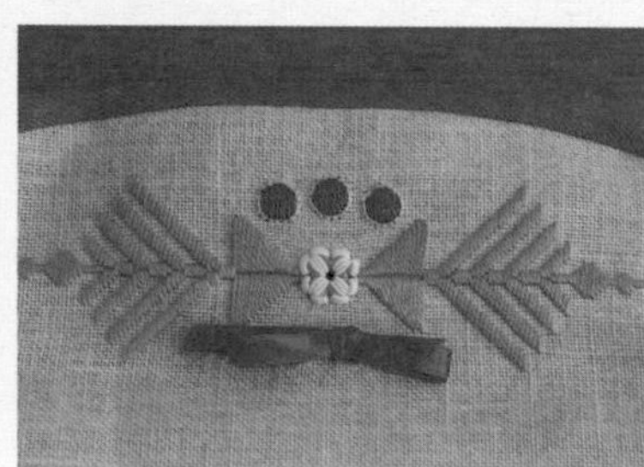

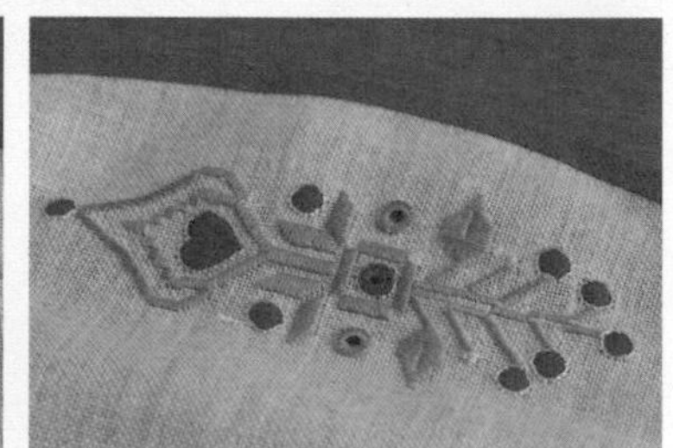

いがらし郁子

高級女裝訂製服設計師。主導日本義大利刺繡普及協會「Club Incanta」。亦擔任Bologna・Punto・Antico協會日本分會代表。在隸屬義大利政府外交部的義大利文化會館舉辦古典繡教室。
http://www.iictokyo.com/scuola/prof_testo.html#igarashi

61

××××

麵包籃

使用透氣性佳的亞麻布製作的麵包籃，能讓剛出爐的麵包水氣逸出，保持美味。以3種幾何學圖案以及義大利山中小屋的風景進行設計。

繡法 ››› P.114　圖案 ›››A 面

立體3D！花草刺繡の美麗進化

利用鐵絲在固定的底布上鉤勒輪廓&
進行刺繡再裁剪下來，
將活脫於平面之上的刺繡作品作成
花束・花圈・造型配件……
創作出更加生動的刺繡美學。

花・葉・果實の立體刺繡書
以鐵絲勾勒輪廓，
繡製出漸層色彩的立體刺繡
アトリエ Fil◎著
平裝／64頁／21×26cm
彩色／定價280元

主題

金蔥繡線

第3回

西須久子×新井なつこ

刺繡作品＆對談

本連載將帶來2位刺繡作家針對1個主題的刺繡作品及對談。
以閃閃發亮的美麗「金蔥繡線」為主題，
完成適合作為贈禮的小小作品。

photograph 白井由香里　styling 西森 萌

目前線捲才是主流？

西須久子（以下簡稱・西）　說到金蔥繡線，以前幾乎都是與25號繡線一樣的「線束」，但最近好像不一樣了！

新井なつこ（以下簡稱・新）　線捲款式的種類現在越來越多了呢！這次所使用的Fujix的Sparkle Lame也是線捲。乍看之下就好像車縫線呢！

西　若是線捲，繡線使用起來比較方便，很不錯。因為金蔥線容易從剪斷的地方散開，變得七零八落的。雖然我是第一次使用這款Sparkle Lame，但覺得太好用了！

新　我也很喜歡！雖然絨毛繡要剪開線圈，但切口不易分岔喔！

西　具有恰到好處的挺度，是很適合樹木及花圈的質感。有為了表現分量增加股數嗎？

新　樹木是8股，花圈則使用6股線。作出了松葉般挺直的感覺。由於是1根根剪斷對齊，因此毫不浪費的這點也很不錯。

西　我是一邊數亞麻繡布的織線數，一邊試著用來繡緞面繡及鑽石孔眼繡。金蔥線不耐磨，特別是繡在亞麻布上，容易變得毛躁，但這款線就沒有問題。

新　西須老師的作品，25號繡線很顯色，鮮明的跳色好可愛。

西　你看，因為製作的人很可愛嘛！

新　沒錯，沒錯（笑）。

西　雖然全部都使用金蔥線有點困難，但如果配合25號繡線，我想應該可以用在許多地方。

新　Sparkle Lame全部也有24色，其中有一半是黑色芯線。不只是金色或銀色，還有這種顏色，也讓人覺得有趣的。

西　我啊，因為很喜歡這款線，本期的煙火刺繡也使用了它（參照P.17作品）。由於容易操作，無論是輪廓繡、雛菊繡還是法式結粒繡都能漂亮地完成。

新　確實如此，是非常適合閃亮煙火的線！

西　這款線，縫紉機也可以用對吧？

新　上面寫著，若套上附贈的小網子，即使是縫紉機也方便使用。因為能夠防止線過於光滑而跑出來。

西　太厲害了，非常周到，若在存放時套上網子也很不錯。

金蔥線的「摩擦問題」

新　雖然之前談到金蔥線不耐磨的問題，但不只是布，與針孔也會摩擦。

西　這也是沒辦法的事，為了盡量減輕線的負擔，因此金蔥線建議使用時，剪得比平時更短。

新　除此之外，例如使用2股金蔥線繡緞面繡，這2股也會相互摩擦而分岔。

西　繡布上的針目，有時會只有其中1條線鬆弛翹起。若只拉一股線進行調整的話，也會因為摩擦而卡住。

新　啊～金蔥線時常發生呢！

西　這款金蔥線我使用2股製作。通常起繡是不打結的，但這次乾脆將穿過針的繡線兩端對齊打結，在針孔形成線圈（編輯部註：是將打結的線，在布料背面以上述方式固定之後，進行刺繡）。因為可在針孔的位置，調整2股線的偏差。

新　金蔥線特有的問題，只要稍微花點心思，也會變得好用多了！

西　因為這款線閃亮美麗又好用，希望沒用過金蔥線的人也能夠試著入手！

西須久子（No.62 編織書）

刺繡作家。除了十字繡之外，也運用各種針法製作原創作品。於VOGUE學園橫濱校等各地擔任刺繡教室講師。著有《刺繡教室：20堂基本&進階技法練習課》（日本VOGUE社發行／繁體中文版為雅書堂文化出版）等書籍。

新井なつこ（No.63 掛飾）

在任職於服飾公司之後，遠赴義大利米蘭從事設計助理。刺繡師事於西須久子門下。於VOGUE學園東京校、橫濱校開設立體繡課程。著有《超入門！立體繡教學BOOK（暫譯）》（日本VOGUE社發行／NV70408）。
Instagram @natsuko1673

※本對談的花絮將公開於「刺繡誌網站」！請務必來看看。https://www.tezukuritown.com/nv/c/cidee/

62
××××

編織書

以寬5cm的亞麻繡布條製作了編織書。
數亞麻繡布的織線，
進行回針繡、緞面繡及四角型鑽石孔眼繡。

How to make & 圖案 >>> P.115

63
××××

掛飾

花圈及樹木是6股金蔥線，
及8股金蔥線的絨毛繡。
是也很適合作為剪刀保護吊飾的尺寸。
最後裝飾上美麗色彩的珍珠即完成。

How to make &圖案>>> P.116

 材料提供／（株）FUJIX…Sparkle Lame　（株）LECIEN…COSMO寬5cm亞麻繡布條（25ct・10目／1cm　7252-9-1・7252-9-3）

[刺繡指導] 関 和子

具有公益財團法人 日本手藝普及協會刺繡指導員執照。製作並寄賣包包或抱枕等原創作品。以小班制刺繡教室進行教學。著重於滿懷心意地細心刺繡。
http://www.fabricegg.com/

64
××××
原寸圖案>>>附錄刺繡圖案集P.96

××××

瘋刺繡！

緞面繡

便於填滿整面的緞面繡。為了能完成具絲緞般光澤的效果，來學習繡得漂亮的訣竅吧！

基礎繡法

1 在布料上描圖，並繃入繡框中。此時請注意，不要讓圖案擴張變形。在此以圓形圖案說明。

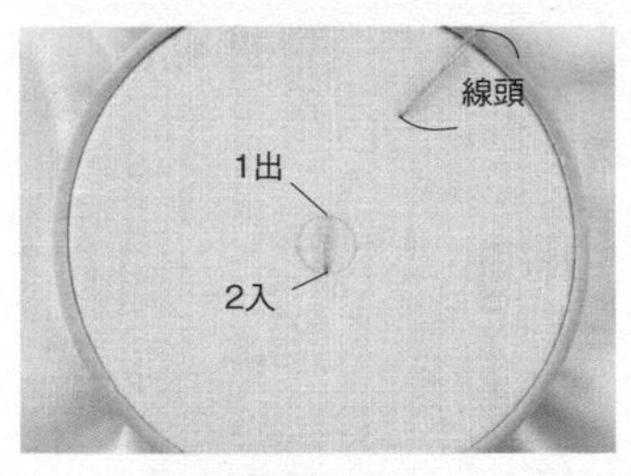

2 在正面留下約10㎝線頭，在圓形呈對角線繡第1道刺繡（1出・2入）。

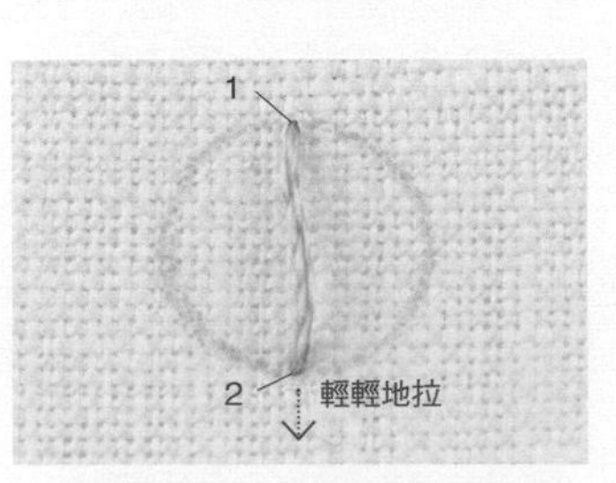

3 於2入針之後，不要一口氣拉緊線條，以手指從2的背面輕輕拉線，並在恰到好處的位置停止。

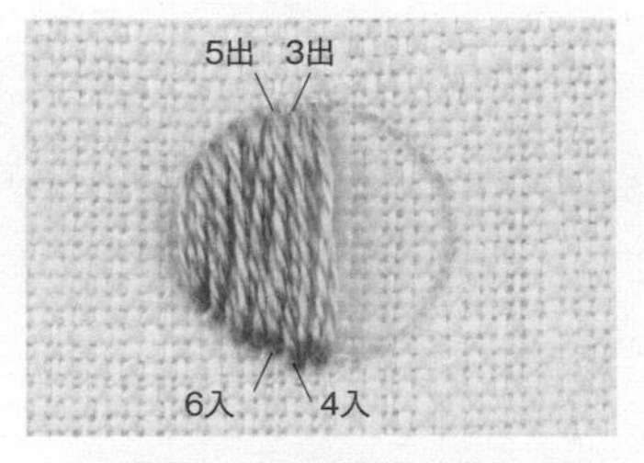

4 以相同方式仔細繡至圓形邊緣。須注意針目要呈平行，之間不要有空隙。

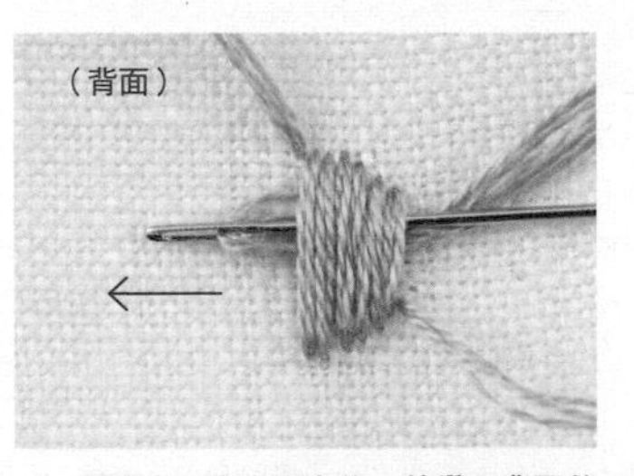

5 若繡完一半圓形之後，就鑽入背面的線條，回到圓形中央。此時，若以針尖鑽入，會讓線條分岔，因此建議從針孔側鑽入。

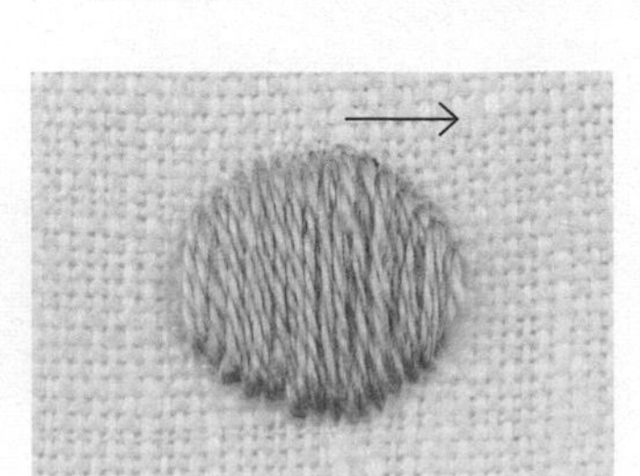

6 繡剩下一半圓形。

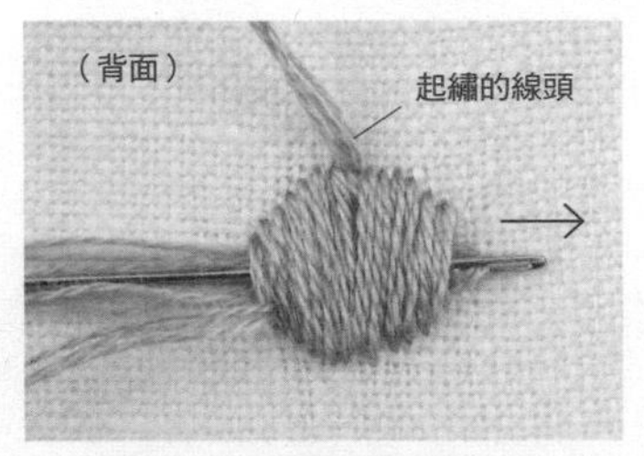

7 若繡到末端之後，就在背面收線。與5同樣從針孔側鑽入針目背面的線條。避免影響表面，輕輕地鑽入。

8 拉線，並在0.2至0.3㎝的位置剪斷線條。

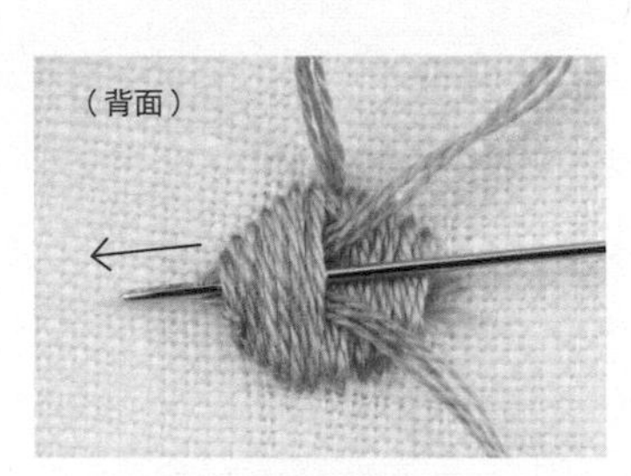

9 將起繡留下的線頭在背面拉出，穿入針，以7的相同方式鑽入背面線條中。

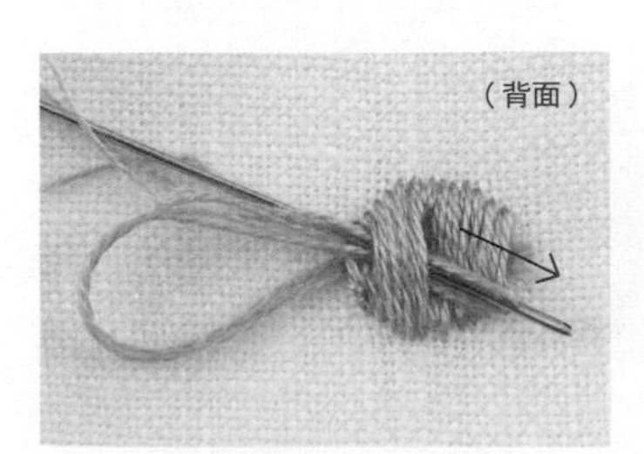

10 9所鑽入的距離如過短的情況，則再次朝相反側鑽入。一旦拉扯到正面線條，刺繡就會亂掉，因此盡量仔細並輕輕地收線。

訣竅7 繡出漂亮葉片的方式

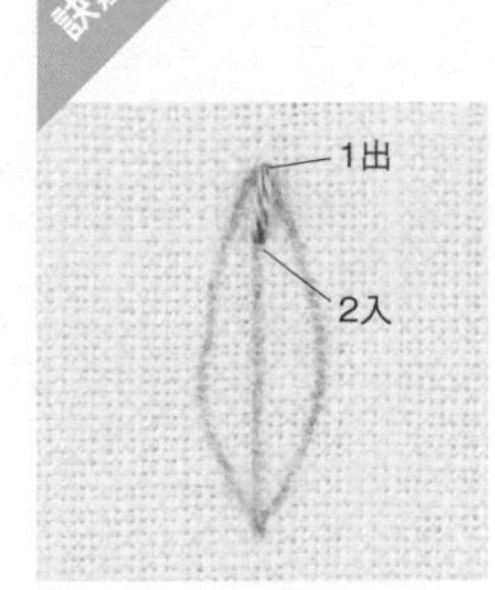

1

從葉片尖端朝葉脈繡1針。

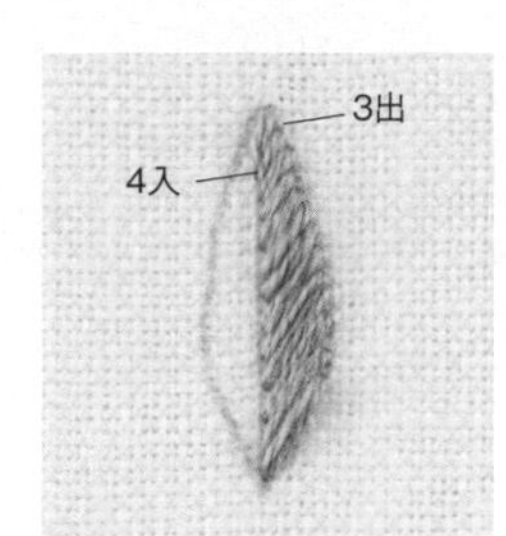

2

繡3出～4入的針目，與此針目平行並排，直到最下方為止繡完剩餘針目。

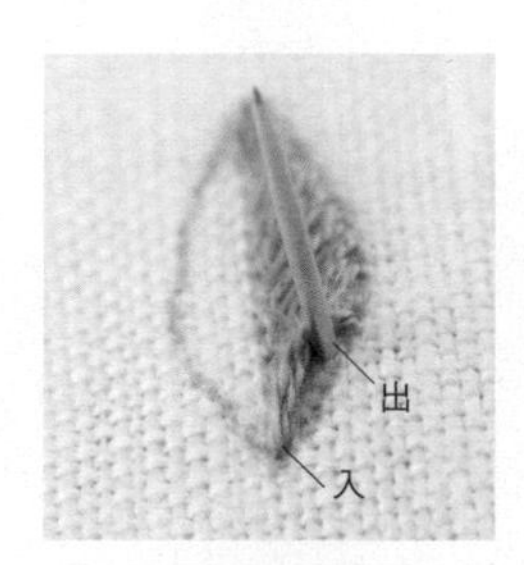

3

最後在繡好的針目下方，沿圖案線以1針短針目入針。從圖案線略內側的位置出針，要對前一針目在相同位置入針。

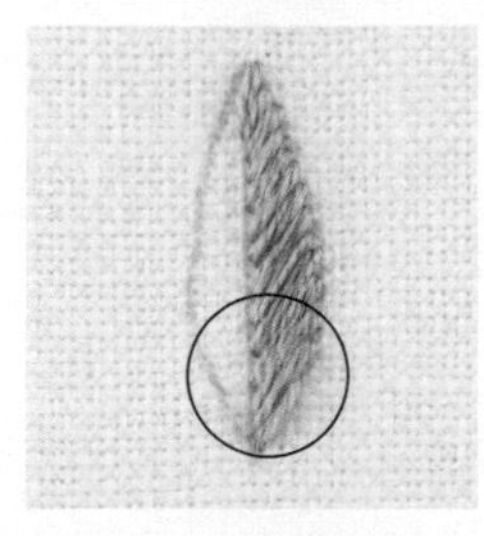

4

若保持2的狀態，會讓葉片下部呈現出尖銳狀，藉由加入3的針目可呈現出圓潤感。

5

另一側也以相同方式，左右呈對稱進行刺繡。此時，從中央出針，繡針便會將已經完成的針目往上頂起，因此請務必以外側→中央的方向，出針入針。

訣竅8 細部使用輪廓繡完成

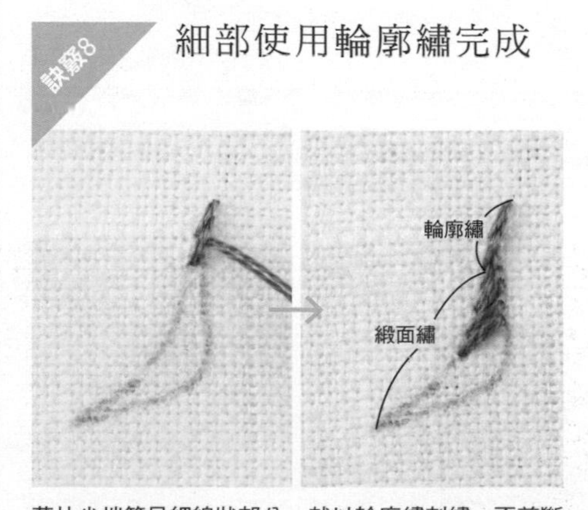

葉片尖端等呈細線狀部分，就以輪廓繡刺繡，不剪斷繡線接續繡緞面繡，即可自然地連接。

訣竅4 繡出漂亮花卉的方式

輔助線

中心

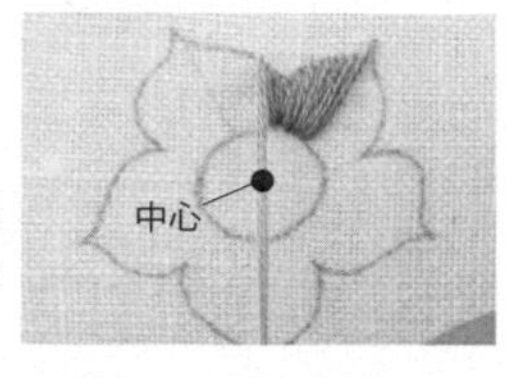

在刺繡之前，要將線對齊中心確認方向。

在繡花卉的時候，全部的針目都朝向花朵中心，就能夠讓方向一致，作出漂亮的效果。作為基準的部分，則是在描好圖案之後，預先以水消筆拉出輔助線，便可在刺繡過程中避免越來越傾斜。

訣竅5 小面積的緞面繡

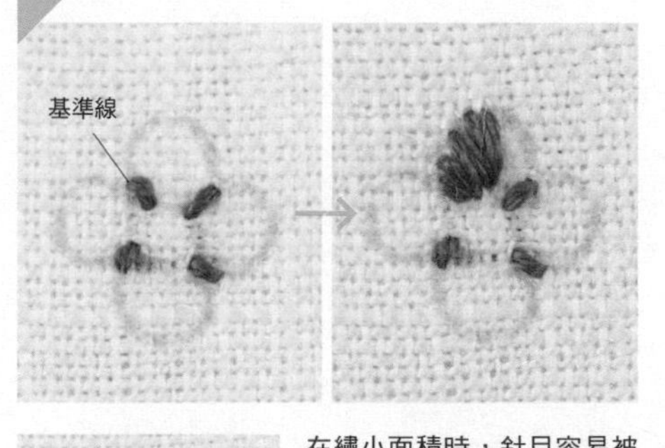

在繡小面積時，針目容易被淹沒在繡布裡。先繡好基準線，再以填滿空隙的方式膨起刺繡，就能夠漂亮完成。在繡短針目時，如同左圖般夾入其他針拉線，即可讓針目膨起。

訣竅6 從較寬的位置開始刺繡

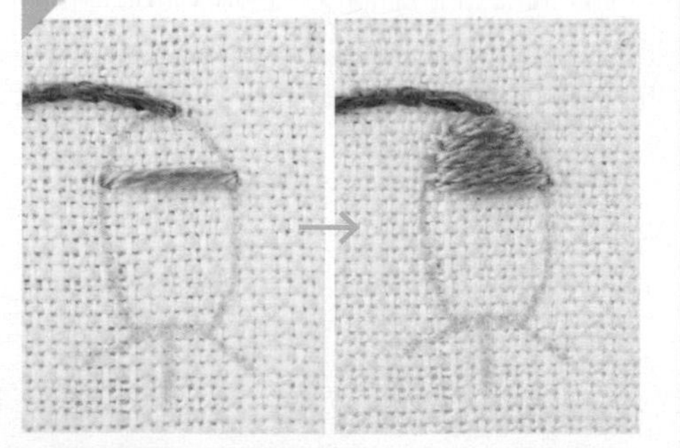

橢圓形等圖案，也是讓針目平行並排完成較為理想。不從邊緣刺繡，而是從圖案較寬的位置，以上半部分→下半部分的方式分開繡，即可防止針目傾斜。

訣竅1 一邊修正線條扭轉，一邊刺繡

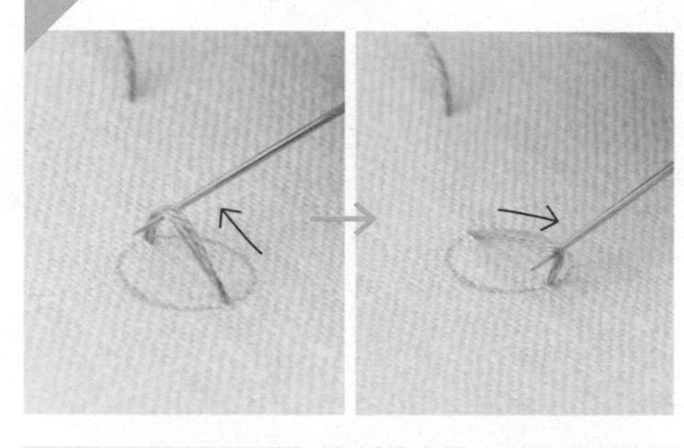

當刺繡完畢，卻很在意線條扭轉時，就如同上方圖片般使用針消除扭轉吧！一旦以扭轉的狀態持續刺繡，就會如同左側×圖一般表面呈現凹凸，也不會有光澤，因此請耐心地不斷修正扭轉吧！

訣竅2 針要在圖案線上垂直出針入針

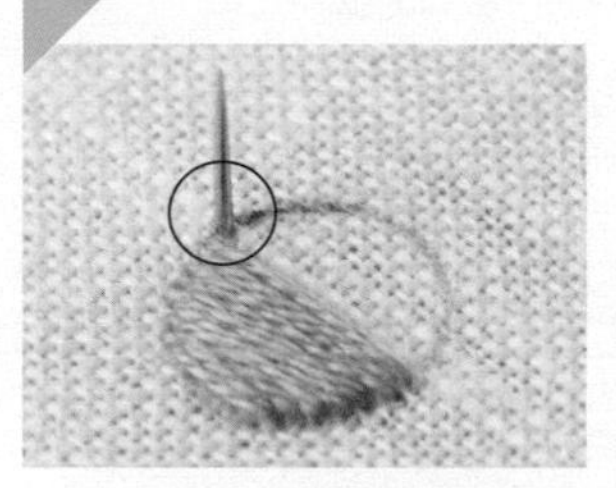

繡針無需在意繡布織目，在圖案線上出入。即使繡布織線分岔也不要緊。

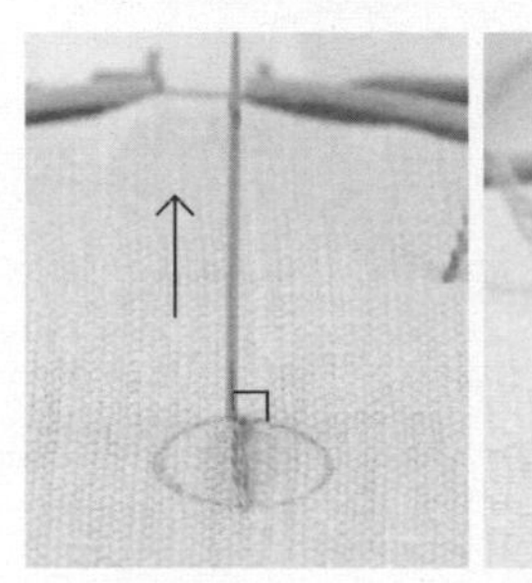

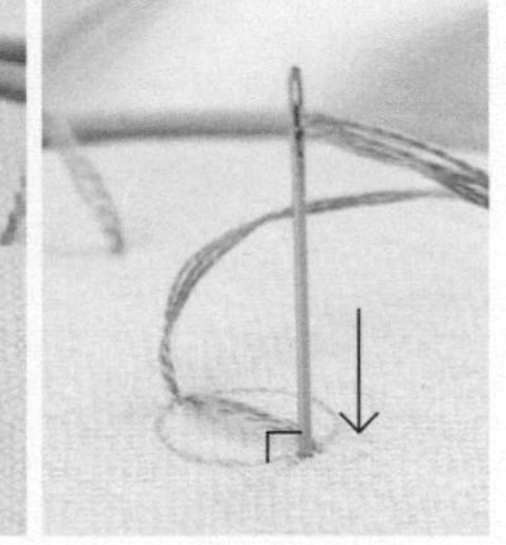

在繡緞面繡時，不在布料挑針，讓針與布料呈直線出入。這樣一來，針便能夠正確的在圖案線上出入針。

訣竅3 漂亮地繡小圓的方式

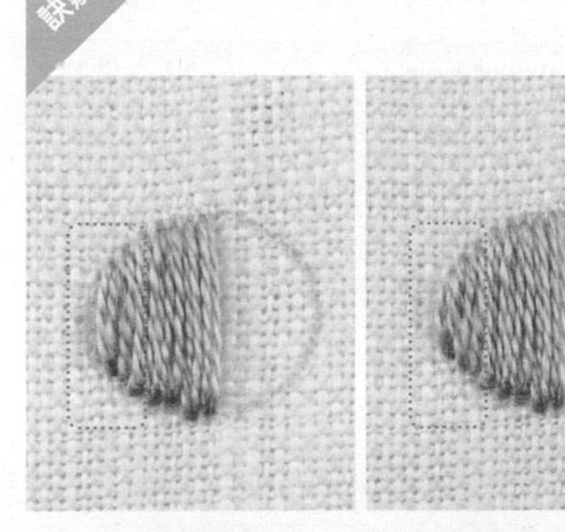

繡較小的圓形圖案時，訣竅在於邊緣1目不要繡。一旦繡了邊緣的1目，就會如同右圖般呈現橢圓形。大膽地捨棄1目不繡就結束，可作出宛如左圖般漂亮的圓形。

圖案描法分類使用指南

Basic Lesson of STITCH IDÉES ××××

刺繡最初的步驟就是描圖案。若是仔細地描繪圖案，也能影響成品的美觀度。在此介紹5種描圖方式及好用的工具。

依照布料及圖案花樣分開選用

無論是工具或是描圖方式，沒有「只要用這個就萬能！」的東西存在。要依照布料色彩、材質及厚度，圖案花樣（是簡單的描線條，還是填滿整面的部份很多等），選擇最適合的描圖方式。

一定要在實際的布邊上測試

即使使用一樣的工具，也會因不同的布料而使得記號附著的效果產生差異。此外即使漂亮地完成刺繡，最後若記號不能消除就太可惜了！也有因熨斗的熱度導致記號難以消除的情況。因此請詳閱商品說明書，務必確認記號消除的情況。

以燈箱透視描圖

在專業刺繡師中擁有許多愛好者的燈箱。能夠從下方照明，讓圖案透出，直接在布料上進行描圖。需要注意的是，因布料的色彩或材質，有可能會發生圖案無法透出的情況。

◎ 白色或淺色的薄布
× 深色或厚布

LED燈箱

A4尺寸・AC電源模式。使用高效LED，可2段式調整亮度。

水性消失筆〈藍〉極細*

即使細緻的刺繡圖案也能輕易描繪的極細麥可筆款式。噴水就能消除記號。

1 以紙膠帶將圖案固定在燈箱上。

2 將布料重疊於圖案上，以1的相同方式固定。確認開燈時，圖案能夠透出。

3 以水消筆在透出的圖案上進行描圖。

使用手藝用複寫紙

最常見，並且能夠使用在各種布料和圖案的方式。毛氈布等表面蓬鬆的布料有可能發生記號難以附著的情形。

◎ 一般的刺繡圖案
△ 毛氈布或是具有厚度的羊毛布等

Clover
New單面複寫紙（灰色）*

30×25cm5片裝。可以水洗去除記號。刺繡時一定要使用單面款。

鐵筆〈雙頭〉*

筆尖是滑順的球體。若擁有粗・細筆尖的話也較為方便。

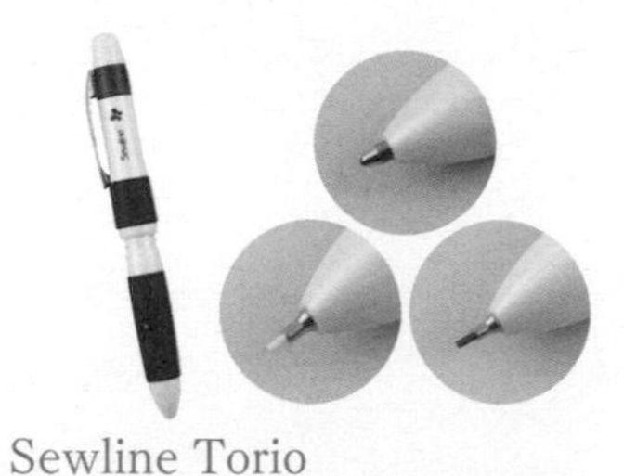

Sewline Torio

將白・黑2色的布用自動筆（0.9mm）及鐵筆合而為一。能隨身攜帶，在教室等場合方便使用。洽詢／（株）BESTEC

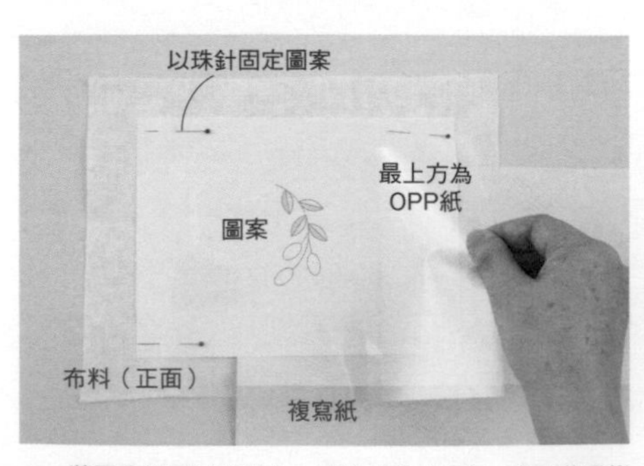

1 將圖案放置於布料上，邊緣以珠針固定。將手藝用複寫紙（單面複寫紙款式）的著色面朝下夾入其中。並在最上方疊上OPP紙（玻璃紙）。

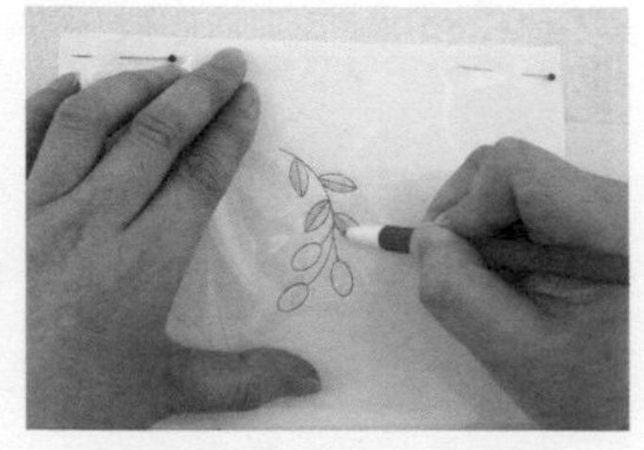

2 從OPP紙（為防止圖案破損使用）的上方以鐵筆正確描圖。

3 灰色的複寫紙無論是淺色或深色布料都容易顯色。刺繡完畢之後，在熨燙之前，水洗去除記號。

4 圖案線若有較淡的部份，最好預先補畫。

＊記號的商品…洽詢／CLOVER（株）　photograph 白井由香里　作法指導 安田由美子（NEEDLEWORK LAB）

隔著piecing paper（拼接紙、翻接紙）刺繡

建議用於手藝用複寫紙難以作出記號的材料。由於能賦予挺度，沒有繡框也容易刺繡，因此亦可使用在於手帕邊緣等位置。

◎ 毛氈布、羊毛以及針織布等
◎ 描線的圖案
△ 以針目填滿整面的圖案

piecing paper*
半透明，容易描圖，可以熨燙暫時固定。39×110cm 2片裝。

手藝用鑷子*
尖端纖細且具有適當的角度，因此容易進行細部製作。

1 在piecing paper的無光澤面上描圖。將光澤面對準布料，熨燙暫時固定。

2 在四周以疏縫線固定。直接在piecing paper上進行刺繡。

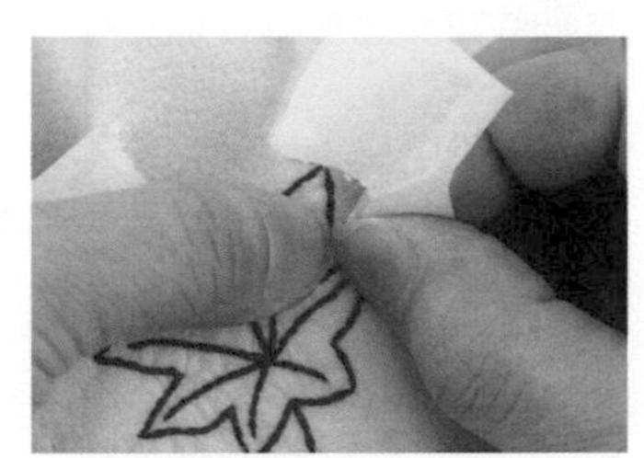

3 沿刺繡針目撕除piecing paper。若硬扯會使針目亂掉，因此要小心進行。

4 圖案中的piecing paper，以鑷子夾住會比較容易取下。

製作打洞紙型，再作記號

使用沿著圖案打洞的紙型與粉末式粉土筆，以類似模版的手法作記號。由於記號較容易消失，因此適合短時間可完成的圖案。

◎ 想要繡好幾個相同的圖案時
× 複雜的圖案・又小又細膩的圖案

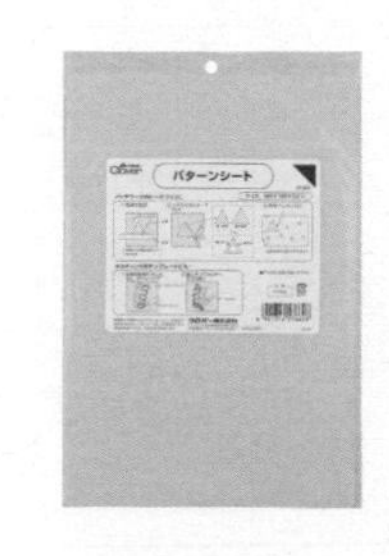

紙型塑膠版*
可以剪刀修剪的塑膠片。半透明易於描圖。28×19cm。

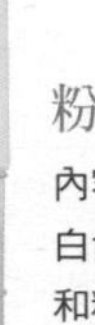

粉末式粉土筆*
內容物為粉狀。除了白色還有藍色、黃色和粉紅色。

1 將圖案描在紙型塑膠版上。使用較粗的針如法國刺繡針，沿圖案線戳洞製作紙型。

2 1的紙型完成的樣子。線條交會點、尖端或起伏處的頂點，一定要戳洞。

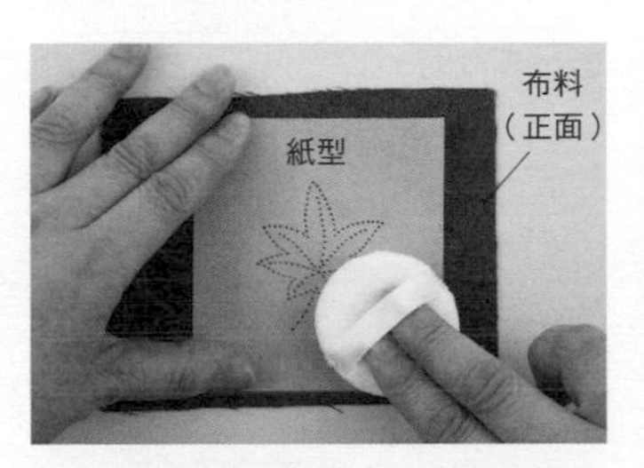

3 將紙型重疊於布料上，使用化妝用的粉撲，一點點擦上粉土粉末，注意不要擦得太多。

4 輕輕地取下紙型，以避免粉末掉落。刺繡完之後要去除記號時，就將粉末拍落。

使用水溶性貼紙「SMART PRINT®」

在透明貼紙上描上圖案並黏貼於布料上，並在上方進行刺繡。由於列表機也能使用（水性墨水），因此可拓展刺繡的用法。

◎ 可水洗布料
△ 10cm平方以上的大型圖案

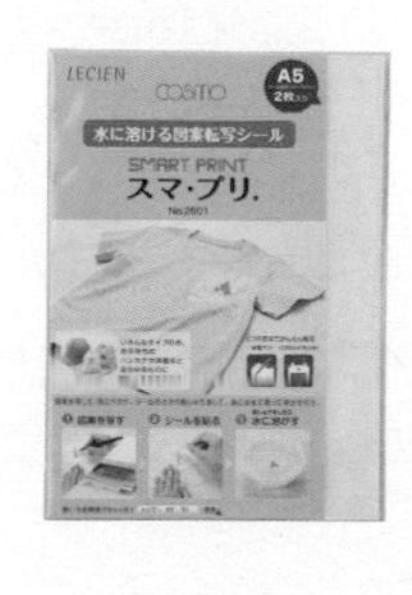

SMART PRINT®
水溶性透明貼紙。A5大小2片裝（也有A4尺寸）。詳細用法起參照包裝內的使用說明書。
洽詢／（株）LECIEN

1 在SMART PRINT的粗糙面（貼紙面）以水性筆描上圖案。在圖案周圍處保留空白剪下。

2 撕下1的背紙黏貼於布料上，在SMART PRINT上進行刺繡。

3 將每塊刺繡布料浸水約5分鐘，溶解SMART PRINT。之後以流動的水慢慢地搓洗。

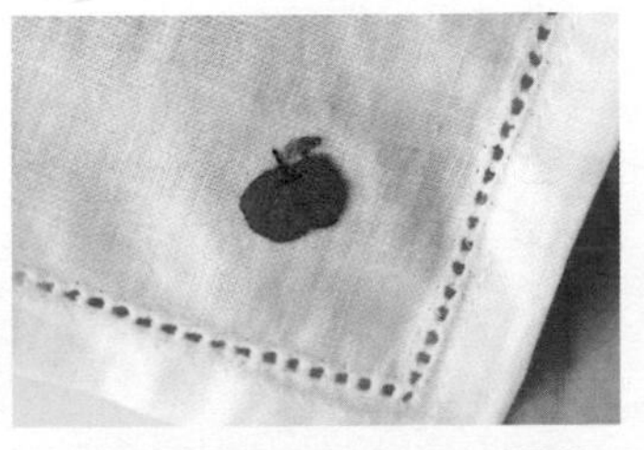

4 這是完全洗去SMART PRINT的樣貌。乾淨地只留下刺繡。乾燥之後，依照需求進行熨燙。

連載 3

100年前的雙十年華

女學生最愛的刺繡
～來自女子美術大學的收藏品

自1900年創立之初，
便以女性自立及專門技術的習得為目標，
持續施行美術教育的女子美術大學。
藉由認識大約在100年前，
女學生是以怎樣的主題、技術、材料進行刺繡，
可進而了解刺繡的普及性和時代性兩方面。
本期是關於為發揮創造力必需具備的
應用能力育成的縫法手冊。

「縫方種類百二十種」

女子美術大學的刺繡專攻課程有一本流傳自大正時代的刺繡基礎繡手冊。

這本手冊被稱作「種類繡」，是大正五年由擔任教職的松岡冬所製作的。

在開校二十五週年，松崗所提供的手記當中記載，由於當時學習刺繡的學生很少，「為了能促進刺繡的普及與發展，今後應該怎麼作呢？」校長佐藤這樣詢問的情形。

松崗認為，隨著今後生活型態的提昇，可想見刺繡等手藝的發展會愈益多元，所以至今日為止都在模仿範本的刺繡毫無魅力可言。也因此，向校長提出了應該增加基礎繡法的種類，教導學生逐漸能夠隨心所欲地自行思考圖案和色彩。

大正六年，收集了15種基礎繡，並盡可能地讓學生思考刺繡圖案和設計，但卻都是一些過於幼稚的繡法，實在無法讓人熱衷。然而，在大正七年增加為36～37種，大正八年甚至來到了65種，學生們也漸漸地變得感興趣。佐藤校長一有機會就參考新的繡法，激勵了松崗，但非常遺憾的是，在大正八年因西班牙型流行性感冒而過世。大正九年，不知是否因縫法研究有了成果，入學人數開始成長。

作為獻給香淳皇后陛下的屏風（於關東大地震，獻上之前失蹤），和抱枕《吾妻遊》、《東大寺唐鞍》在製作時，更專注於新的繡法，增加為１７８種。目前則有120種繡法流傳下來。

雖然直至大正時代為止，發行的刺繡技法書為數眾多，但這些書中所記載的技法最多就30幾種，並且皆為使用於日本和服或腰帶的技法。在「縫方種類百二十種」中可看到，當時多用於外銷手帕刺繡的「貝殼繡」「網目繡」「雙面繡」「蕾絲繡」「鎖邊繡」「圓形鎖邊繡」，以及歐式刺繡「緞帶繡」「方眼花邊」「珠繡」、多用於軍隊臂章和領章的「mogol繡」等反應時下的技法，除此之外也能找到「更紗繡」「菅刺繡」「大島式」「釘板繡」等，被認為是從設計或圖案命名的技法。

藉由學習這些技法基礎，學生在畢業之後也可以為自行描繪的圖案找到最適當的技法，活用於製作當中。

在Quilt & Stitch Show２０１９中展示日本刺繡。以種類繡研究為根本所製作的作品。

文／女子美術大學　設計工藝學科
工藝專攻　特任副教授　大﨑綾子

日本刺繡作家，以刺繡為主，同時進行染織品技法、設計的研究。此外，也針對校內染織文化資源研究所擁有的文化財進行修護與保存，2011年以後，致力於東日本大地震受損的染織文化財之保存修復。

女子美術大学
女子美術大学短期大学部

以「女性美」之名而廣為人之的女子美術大學，是以女性為主的高等教育機關，在通往美術教育之門尚未開啟的明治33（1900）年，以「讓女性因藝術自立」、「提昇女性社會地位」、「培育專門技術家、美術教師」為目的，所建立的美術教育實施學校。工藝專攻刺繡不僅是日本刺繡，包含外國刺繡、縫紉機刺繡的設計，從草稿繪製起開始進行，到染色、刺繡，以一貫的教學課程，施行作品製作教育。
大學工藝研究室網站　http://joshibi-crafts.net/
染織文化資源研究所網站　https://joshibi-textile.net/

松本春子《縫方種類百二十種》1926 年
女子美術大學　設計工藝學科　工藝專攻刺繡收藏品

《東大寺唐鞍》1923年　女子美術大學　設計工藝學科　工藝專攻刺繡收藏品

《吾妻遊》1923年　女子美術大學　設計工藝學科　工藝專攻刺繡收藏品

交錯玫瑰（緞帶繡）

蕾絲繡・圓形鎖邊繡

雙面繡・鎖邊繡

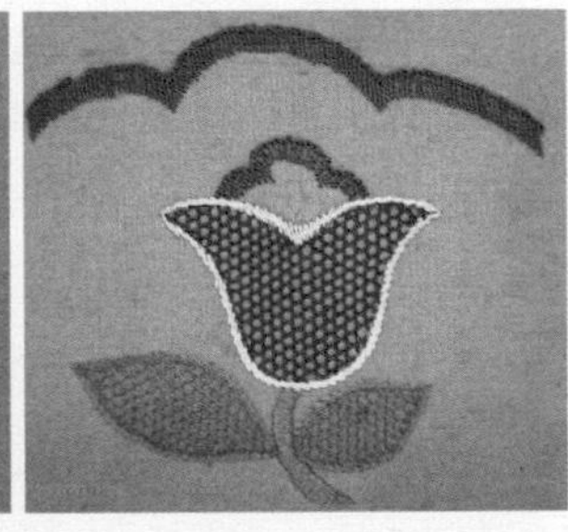
貝殼繡・網目繡

更紗繡

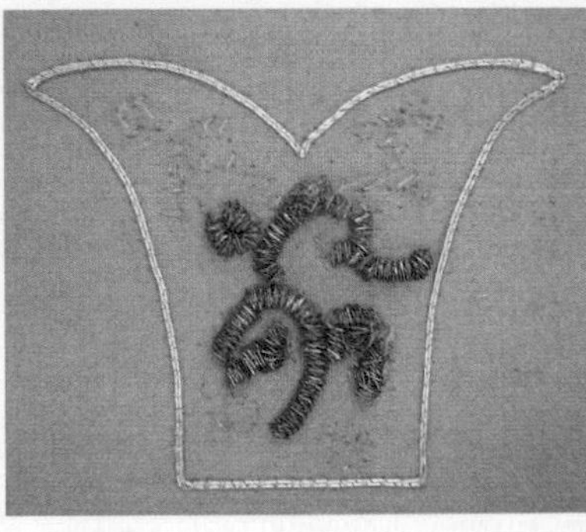
mogol繡

珠繡・帆布繡

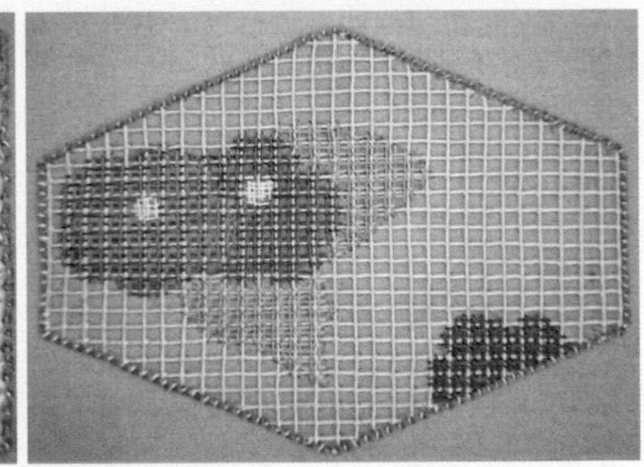
方眼花邊繡

大島式

釘板繡

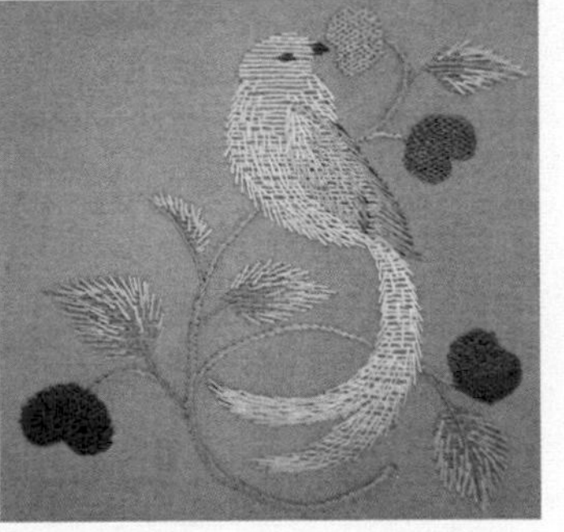
菅刺繡

歐洲跳蚤市場遇見的
手工藝

法國的凡夫跳蚤市場

photograph 白井由香里　styling 西森 萌　text & photograph（當地採訪）石澤季里

1880～1910年左右，美好年代的淑女包。使用比頭髮還細的線才能穿過的珠子繡上花朵和縮寫文字，以及「souvenir（回憶）」這樣的單字。或許是無法忘懷她的男性所贈送的。以500歐元購入。

「淑女專屬刺繡」的故事

說到巴黎的跳蚤市場，其中就屬號稱歐洲規模最大的Clignancourt最為著名，但若要尋找小巧的可愛雜貨，比較推薦的則是距離巴黎中央很近的凡夫跳蚤市場。市場雖然於每週末早上8點到傍晚6點營業，但需要注意的是Marc Sangnier大街上的經銷店，在下午1點左右開始便會早早收攤。以草木染的小花圖案零碼布及復古裁縫工具著稱的手藝店「missy」，帶有時尚配色染色的刺繡亞麻布專賣店等等，在Sangnier街上讓人雀躍的商品目不暇給。若是要造訪凡夫跳蚤市場，盡可能上午就抵達。

在這個跳蚤市場內，毫不猶豫便購入的是小心翼翼地保管在上鎖櫥窗內，19世紀到20世紀初的淑女包。當時貴婦外出，總是會隨同負責付錢、拿購買商品等所有瑣事的隨從，或是作為保護者的丈夫或男性資助者。也因此，淑女們盡可能地花心思在打扮上，只提著僅能容納洋傘、扇子以及手帕、零錢、補妝用粉撲和口紅的超小巧提包出門。這只一針一線費時製作的奢華提包，是帶有巴黎人對「美好的古早時代」充滿嚮往與哀愁，稱之為美好年代時期的物品。正因身處在不使用現金的現代，手上拿著這樣的包，懷念著截然不同於今日的時代，似乎也不壞。

凡夫跳蚤市場
Marché Vanves

Ave Marc Sangnier&Ave G.Lafenestre 75014 Paris
每週五、日
am8:00左右～pm6:00左右
地鐵13號線，Porte de Vanves站下車。上來到平地，沿著抬頭仰望筆直前進的環城大道前方延伸的Marc Sangnier大街走，盡頭的G・Lafenestre大街沿途便是凡夫市集。

隨意墊在下方的蕾絲桌巾是將各種蕾絲以拼布形式製作而成的逸品。

據說每週會在Marc Sangnier大街的中學前擺攤的女性。漂亮的上衣價格是20歐元。

以便宜的價格購入的是從雜亂眾多堆積成山的亞麻布當中，嚴選狀態較為良好的物件。漂亮又安心的布料價值不匪。

稱作「Chambre」的亞麻布，不但快乾且耐用。在過去，桌布長達地面，餐巾一邊也有75cm寬。

似乎是哈瑪姆（土耳其式公共澡堂）中所使用，土耳其製的亞麻毛巾。美麗的刺繡吸引目光。

刺繡好可愛！

毛小孩的刺繡徽章 & 生活感便服

運用自己設計的插畫或照片，
搭配刺繡機功能，
即可輕鬆完成風格獨具的小物，
為心愛的寵物們，
打造手作人的趣味新意吧！

師資介紹

廖偉祥老師（刺繡徽章）

刺繡訓練講師
臺灣喜佳專任老師資歷4年
・經歷：臺灣喜佳板橋櫃店長、台北生活館副店長
・專長：西服、手作、電腦刺繡

攝影場地協助／喜佳縫紉生活館台北店
作品設計提供／臺灣喜佳 廖偉祥老師（刺繡徽章）、
臺灣喜佳 蘇曉玲老師（寵物衣）
模特兒／Monique chen
作品示範教學、作法文字提供／臺灣喜佳 廖偉祥老師
示範機型／brother NV-180D迪士尼刺繡縫紉機
採訪編輯／黃璟安　　攝影／數位美學　賴光煜

毛小孩的刺繡徽章

作品示範／臺灣喜佳 廖偉祥老師
寵物衣設計製作／臺灣喜佳 蘇曉玲老師
示範機型／brother NV-180D迪士尼刺繡縫紉機（PE-DESIGN 11刺繡設計軟體）

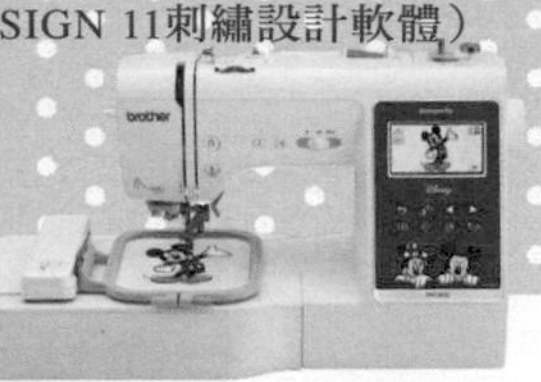

材料準備

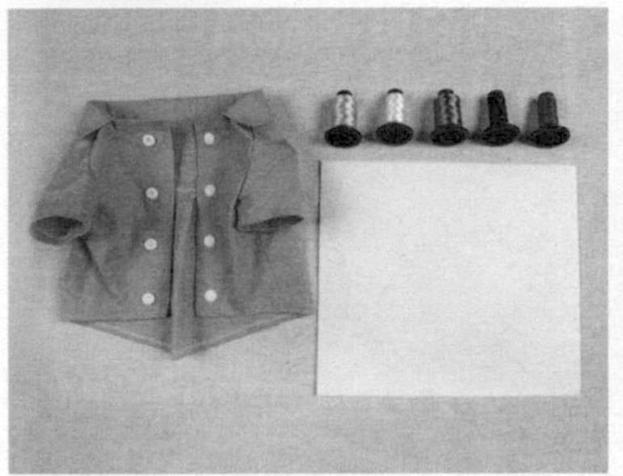

寵物衣服、背膠刺繡紙襯、繡線。

作法

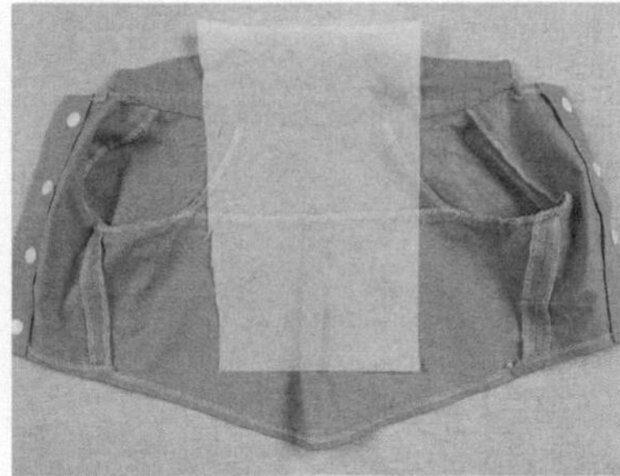

1. 將紙襯燙貼在布料背面，並安裝刺繡框。

2. 點擊操作面上的USB符號，選擇設計好的狗狗刺繡圖案。

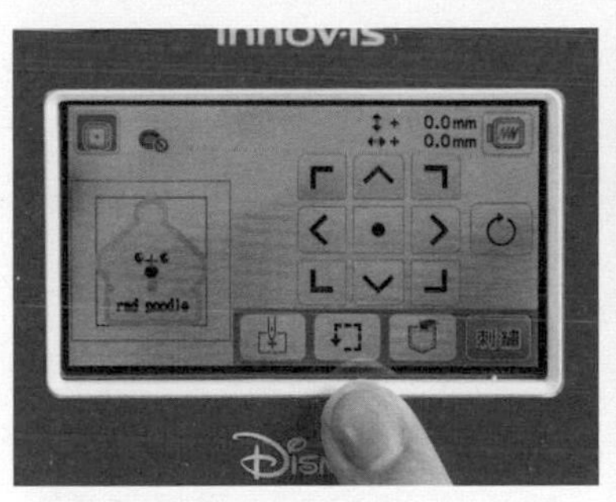

3. 將紙襯燙貼在布料背面，並安裝刺繡框。

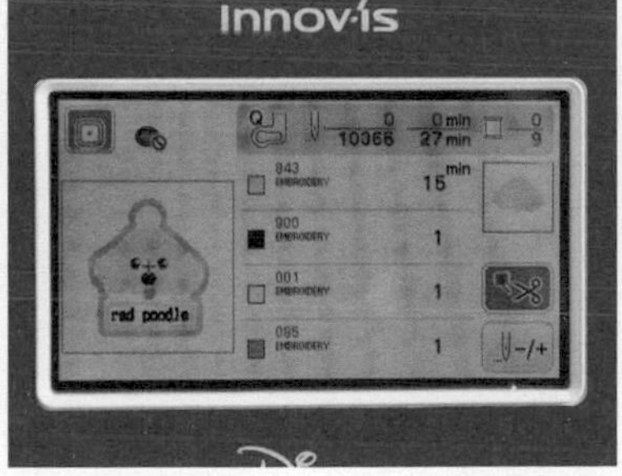

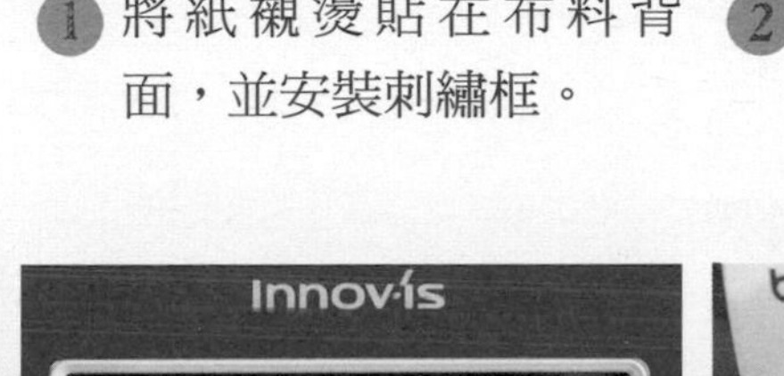

4. 依照提示安裝對應顏色的繡線，依序為咖啡色→黑色→白色→粉紅色等。

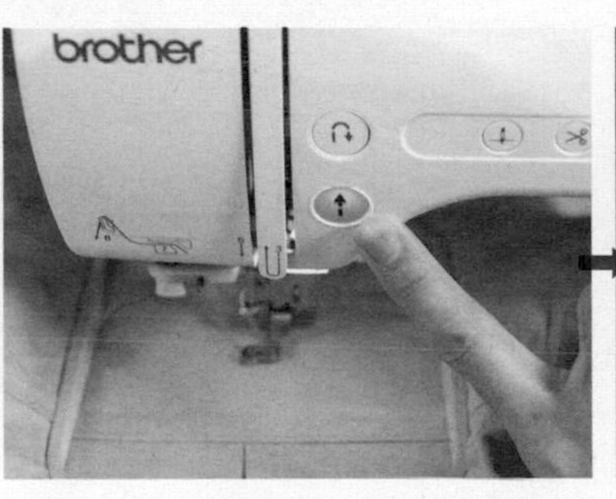

5. 按下啟動鍵，開始進行刺繡。

6. 咖啡色繡完，機器會自動停止，螢幕上會顯示黑色繡線，依序更換對應的繡線即可將狗狗圖案完成。

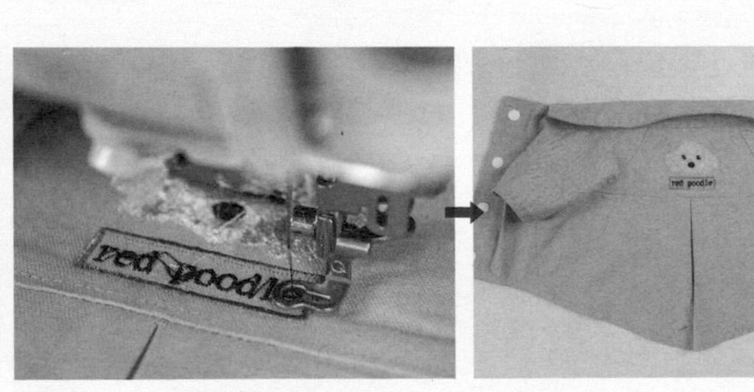

7. 最後刺繡單字與外框，即刺繡完成。

刺繡
好簡單！

段染藝文字刺繡徽章

作品示範／臺灣喜佳 廖偉祥老師
示範機型／brother NV-180D迪士尼刺繡縫紉機（運用內建圖案與外框即可製作）

材料準備

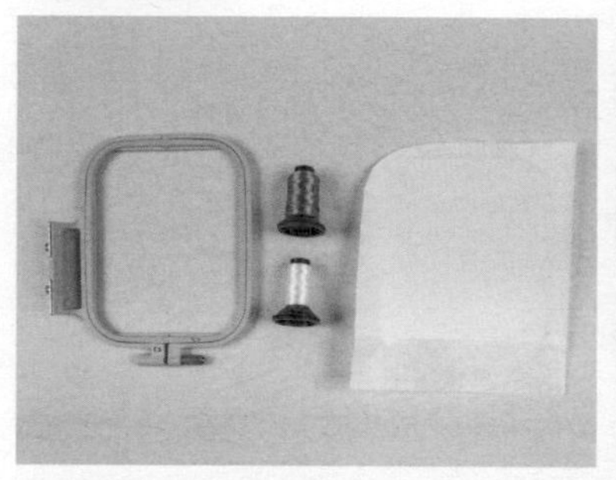

刺繡框、任意兩色繡線、斜紋布（需燙上紙襯）

作法

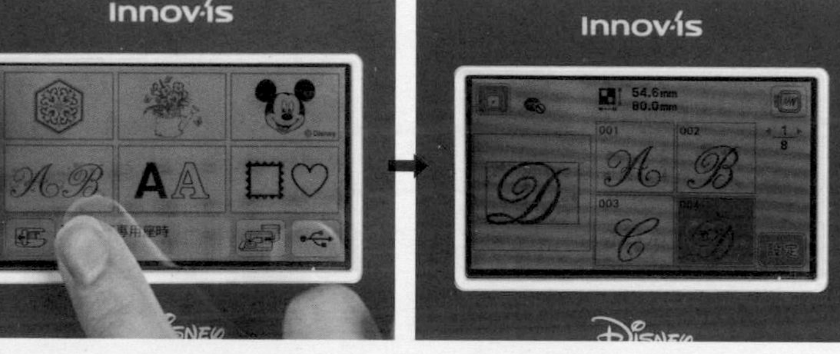

1 選擇機器內建花樣字母刺繡。選擇喜愛的字母及內建外框圖案：心型段染繡針趾。

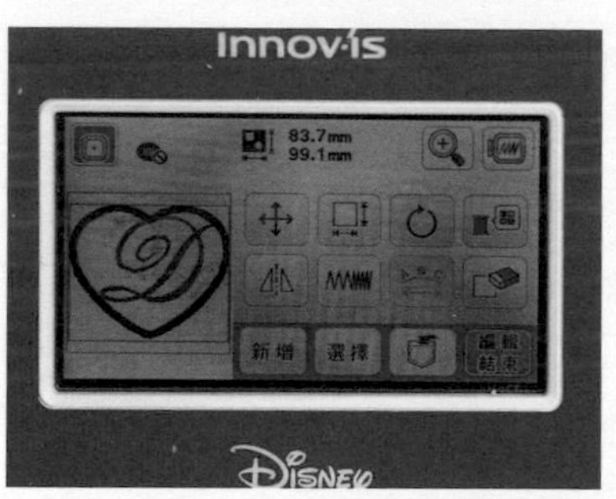

2 調整字母與外框的位置。

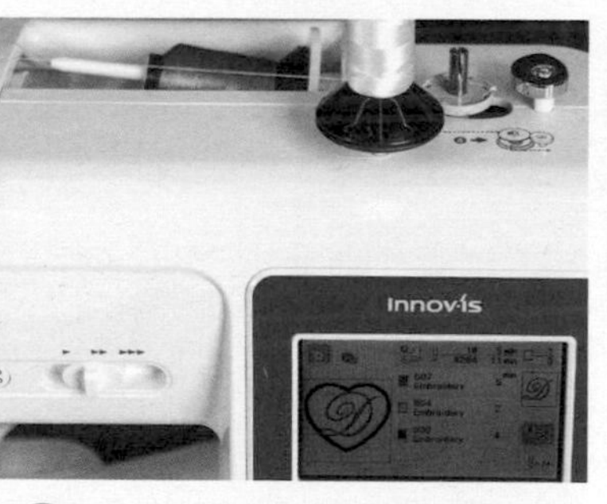

3 在刺繡機上安裝第二線輪柱，並將兩顆繡線安裝在機器上進行刺繡。

4 如圖刺繡花樣將呈現兩色漸層效果。

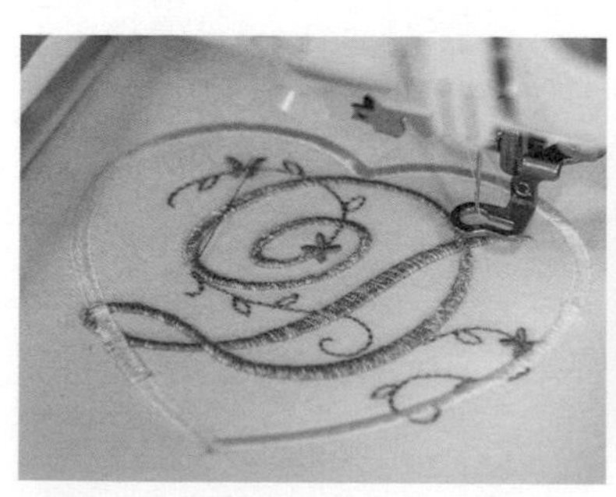

5 字母刺繡完成，因底布為白色，故外框選擇白色繡線。

6 刺繡完成後，將布料沿心形邊緣裁剪，可手縫、車縫或燙貼在衣物上作為裝飾。

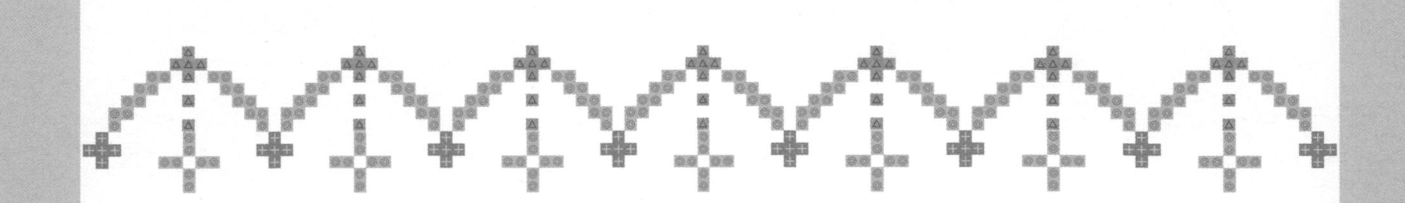

Stitch 刺繡誌

vol.16

附錄刺繡圖案集

03 P.6
××××

迷你提袋 原寸圖案

三角形圖形的繡法

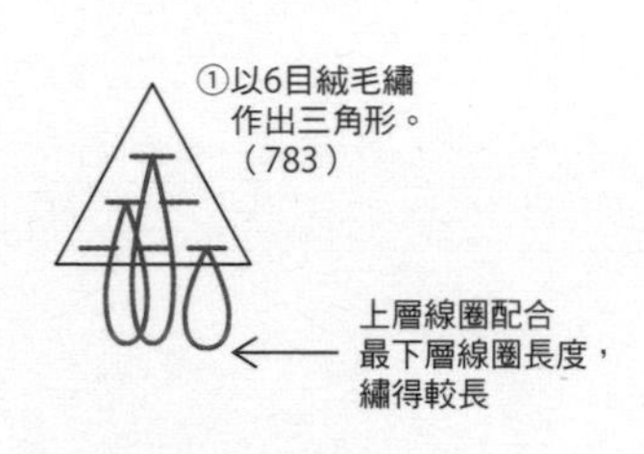

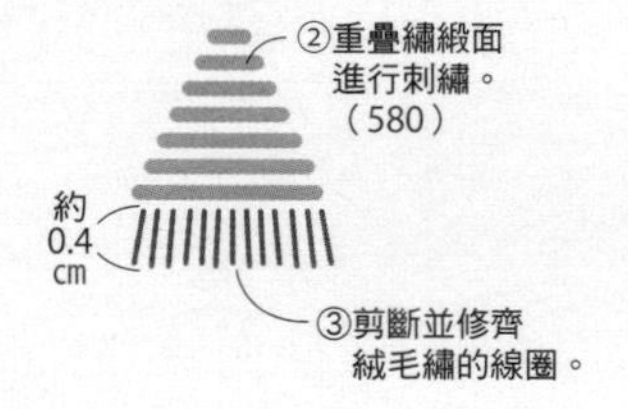

全部使用DMC 8號繡線
（每束250cm）・1股
DMC亞麻繡布28ct（11目/1cm）
米白色（3865）

11 P.14

××××

女兒節

全部使用DMC繡線　除了指定處之外皆為25號繡線（02・23為2017年上市的新色）　D=Diamant（金蔥線）　除了指定處之外皆使用2股線

寬20cm亞麻布條28ct（11目/1cm）白色　※以2×2目為1目

圖案完成尺寸　約23.8×16.9cm

08 P.12
××××

生肖　老鼠

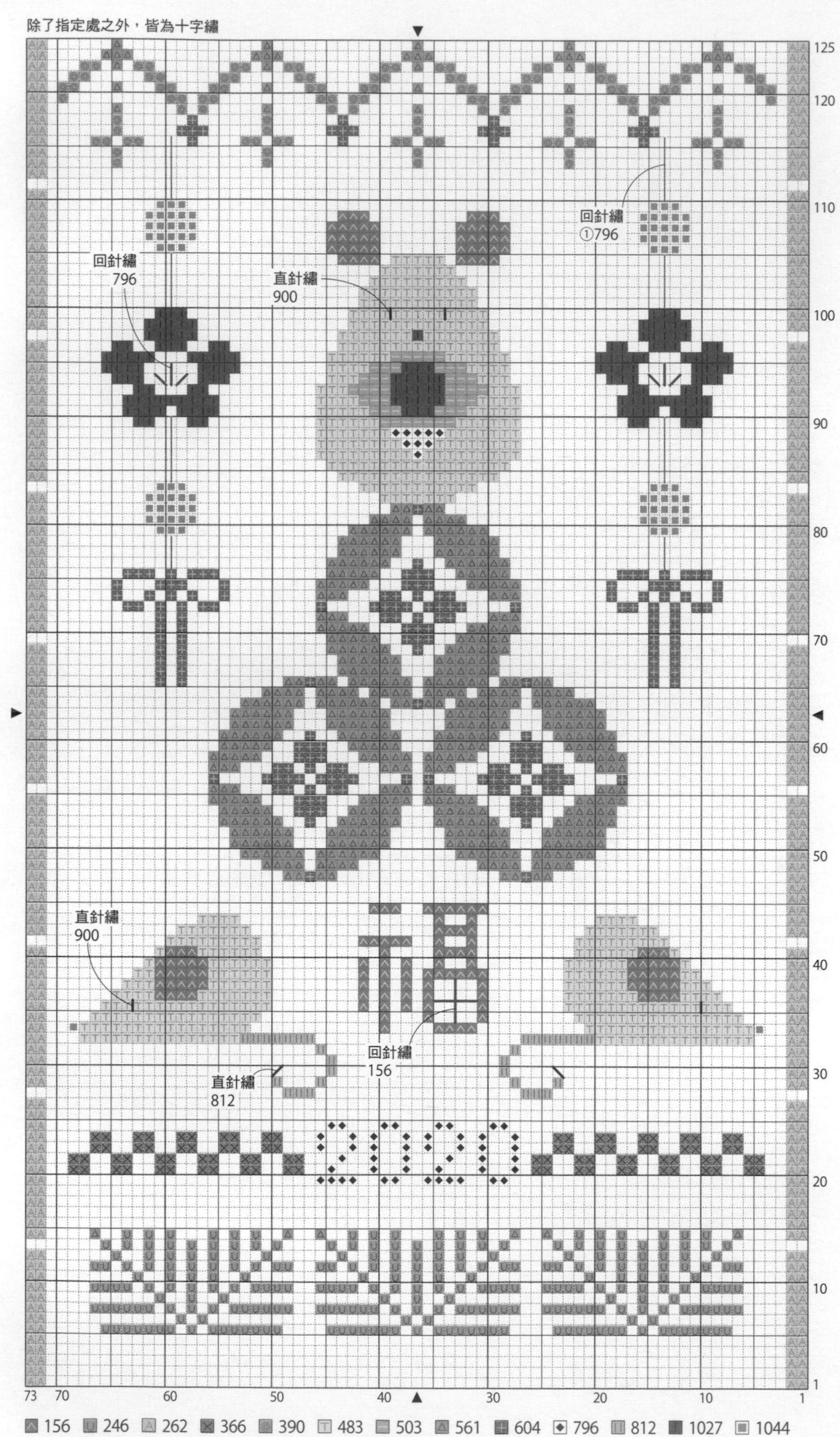

全部使用Olympus 25號繡線　除了指定之外皆為2股線
寬20cm亞麻布條28ct（11目/1cm）白色　※以2×2目為1目　圖案完成尺寸　約22.7×13.3cm

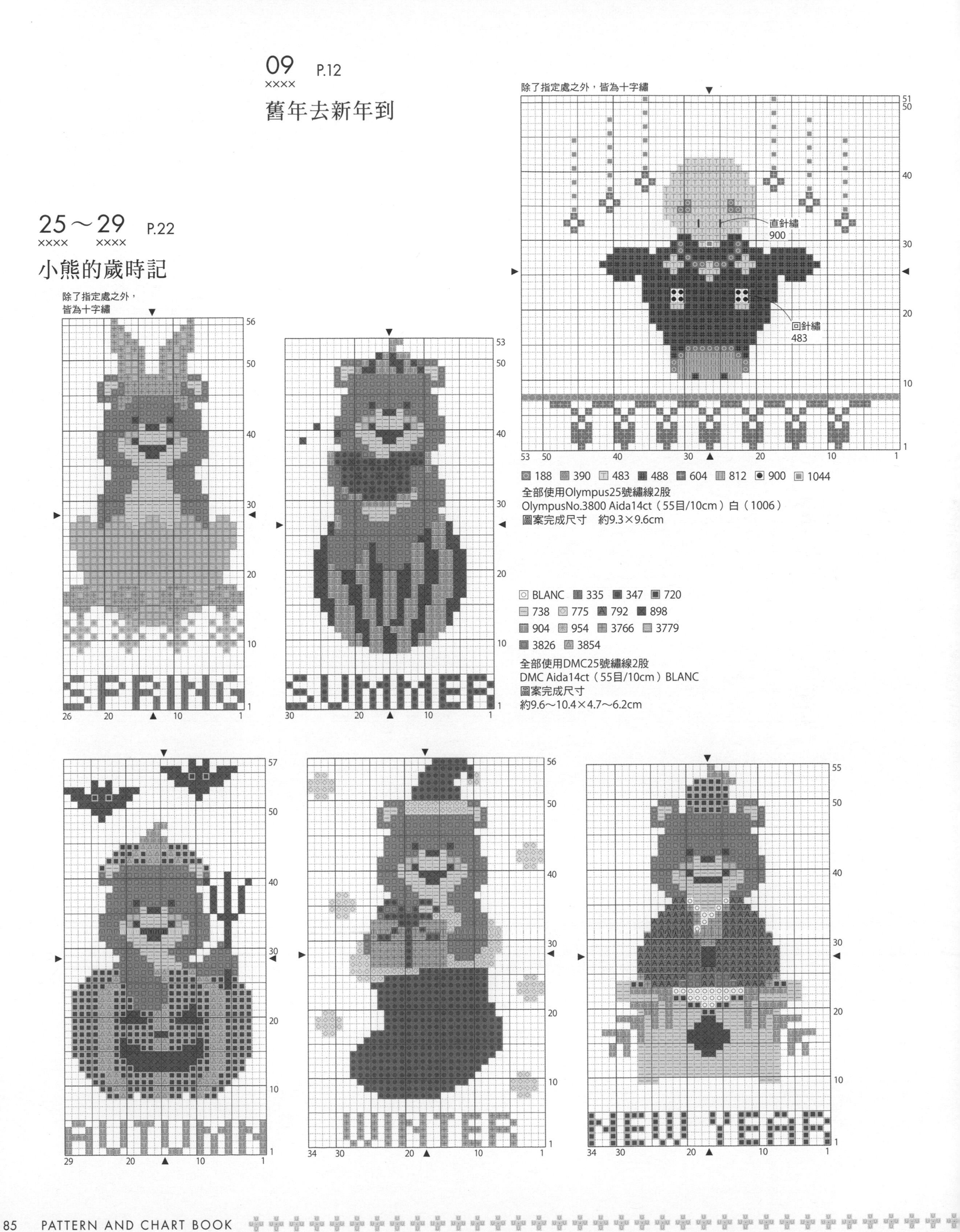
09
××××
P.12
舊年去新年到
除了指定處之外，皆為十字繡
直針繡
900
回針繡
483
188
390
483
488
604
812
900
1044
全部使用Olympus25號繡線2股
OlympusNo.3800 Aida14ct（55目/10cm）白（1006）
圖案完成尺寸　約9.3×9.6cm
25～29
×××× ××××
P.22
小熊的歲時記
除了指定處之外，
皆為十字繡
SPRING
SUMMER
AUTUMN
WINTER
NEW YEAR
BLANC
335
347
720
738
775
792
898
904
954
3766
3779
3826
3854
全部使用DMC25號繡線2股
DMC Aida14ct（55目/10cm）BLANC
圖案完成尺寸
約9.6～10.4×4.7～6.2cm

14～16 P.17
×××× ××××

夏日風物詩樣本繡 原寸圖案

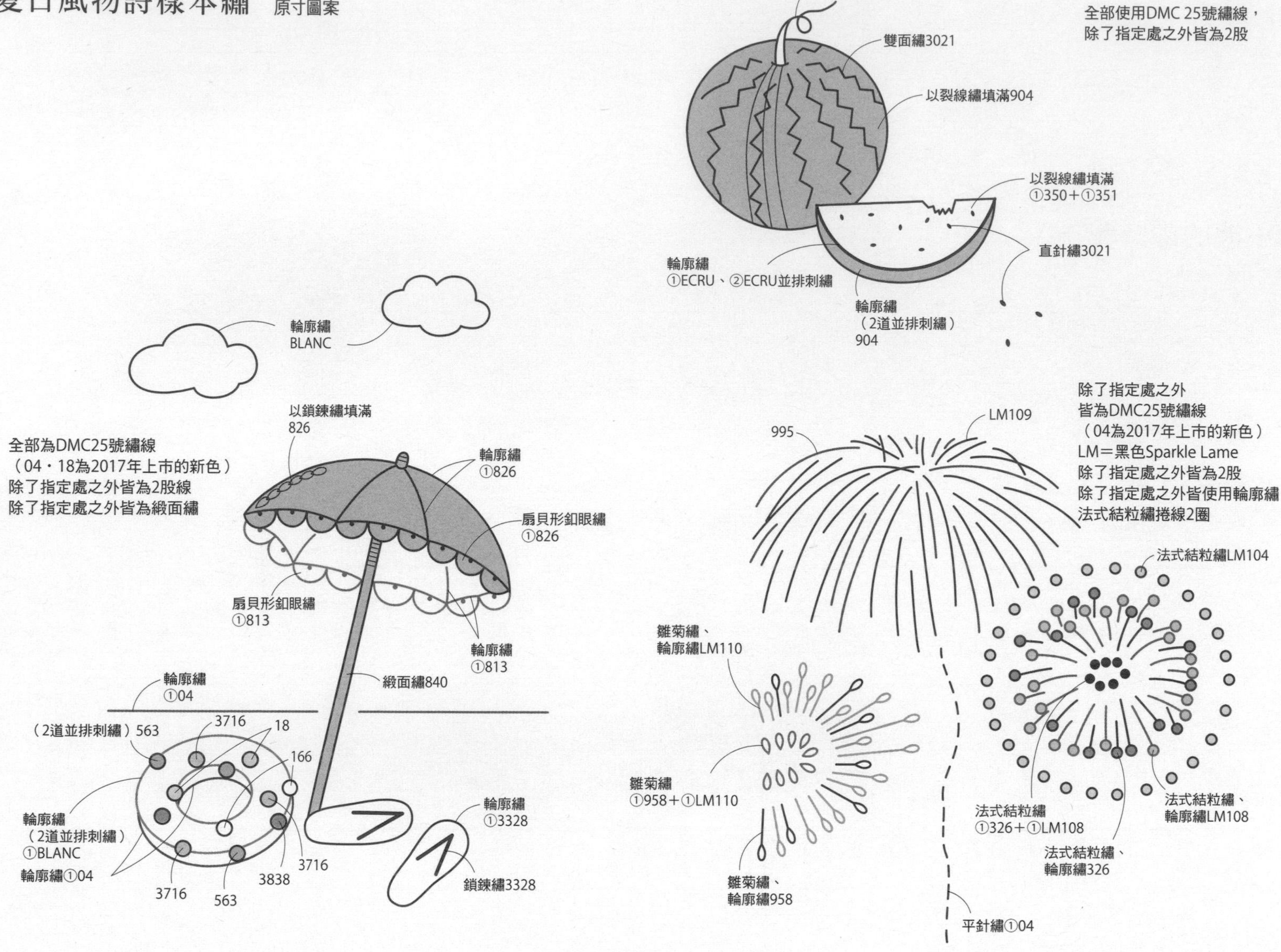

31 P.24
××××

綁上蝴蝶結的貓與魚

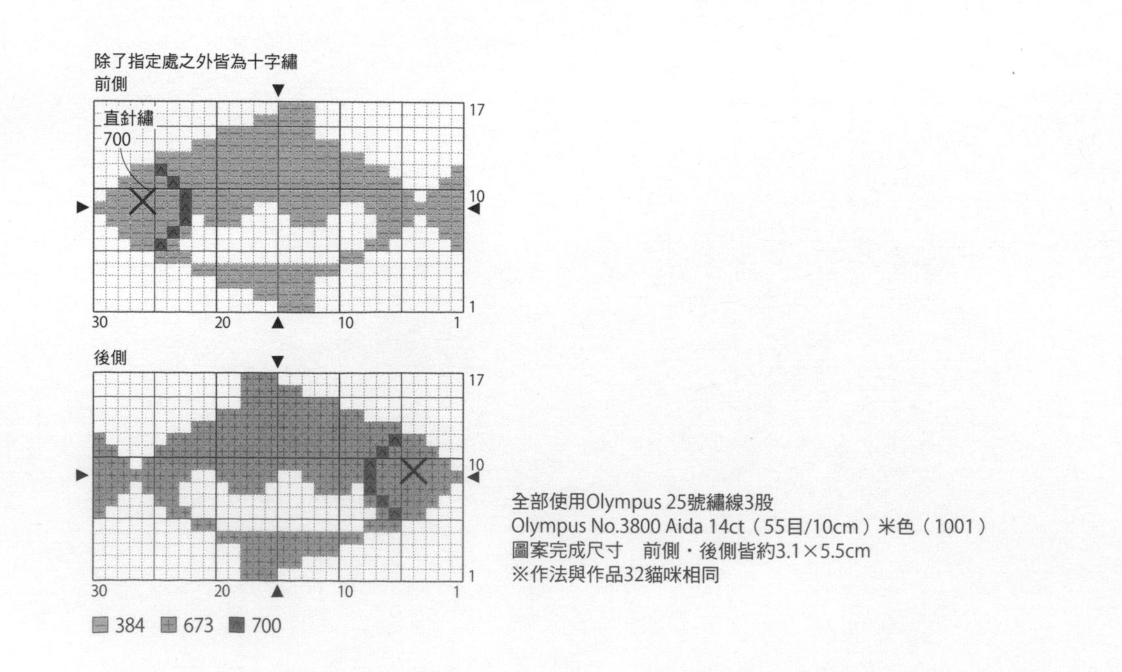

全部使用Olympus 25號繡線3股
Olympus No.3800 Aida 14ct（55目/10cm）米色（1001）
圖案完成尺寸　前側・後側皆約3.1×5.5cm
※作法與作品32貓咪相同

22 P.19

××××

兔子賞月 原寸圖案

全部使用DMC25號繡線
（06為2017年上市新色）
除了指定處之外皆為2股線
除了指定處之外皆以輪廓繡填滿

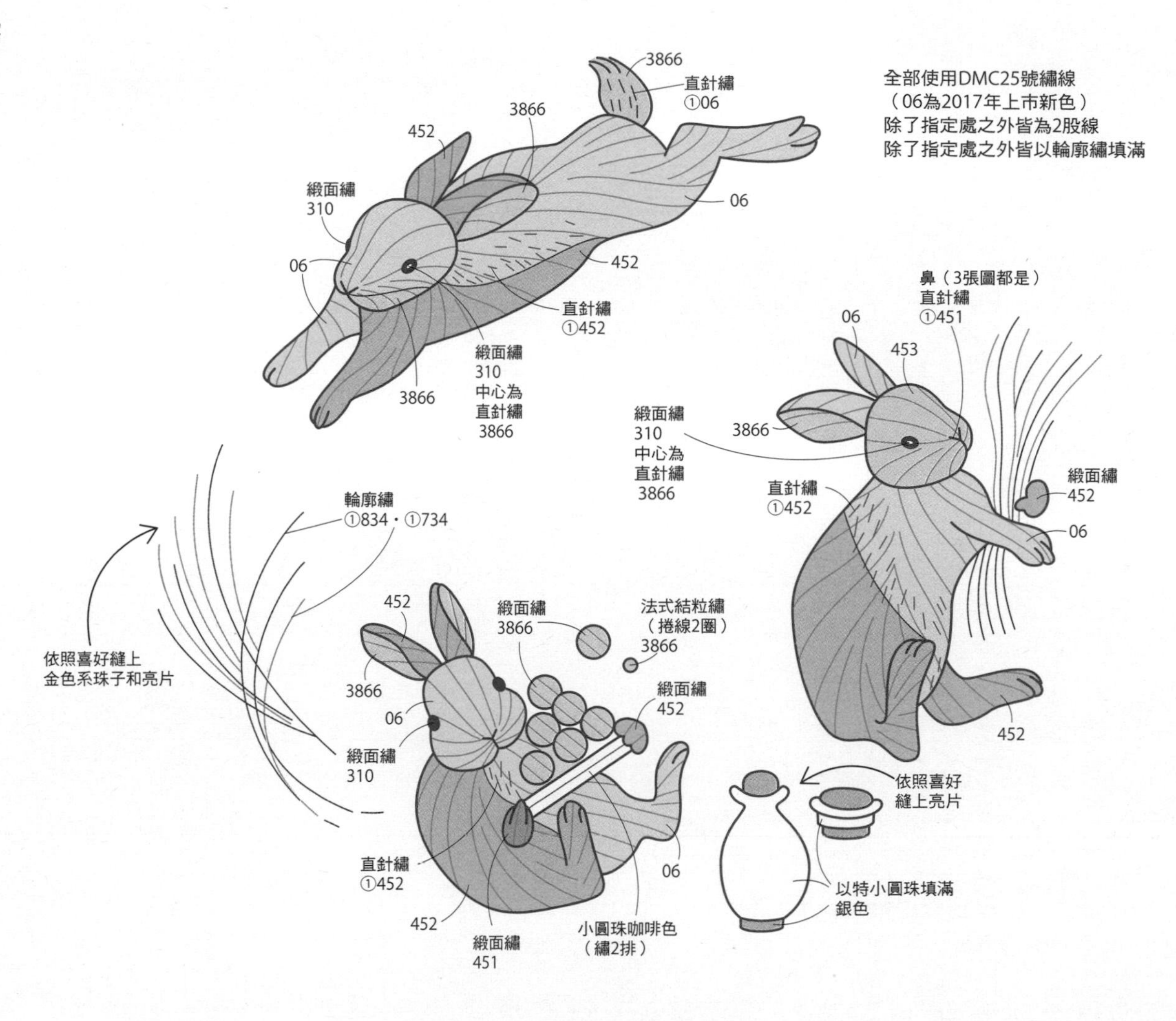

32 P.24

××××

綁上蝴蝶結的貓與魚

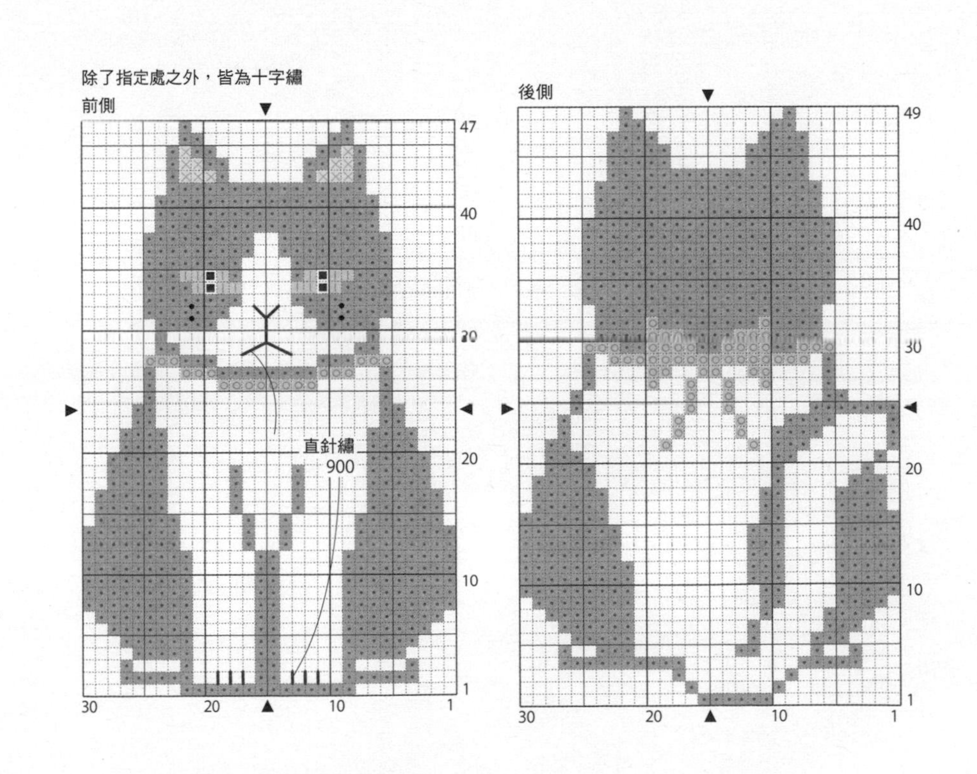

▨ 262 ▥ 542 ☒ 733 ▣ 814 ■ 900

全部使用Olympus25號繡線3股
Olympus No.3800 Aida 14ct（55目/10cm）米色（1001）
圖案完成尺寸　前側＝約8.5×5.5cm　後側＝約8.9×5.5cm
・＝縫鬍鬚的位置（繡線900・3股）刺繡完成後將前後側正面相對疊合，
縫合刺繡約1cm外側（留下4cm返口不縫）。
保留0.5cm縫份剪下，再翻至正面。塞入棉花並縫合返口。

07 P.11

××××

花卉相簿 原寸圖案

全部使用DMC 25號繡線
除了指定處之外皆為1股線

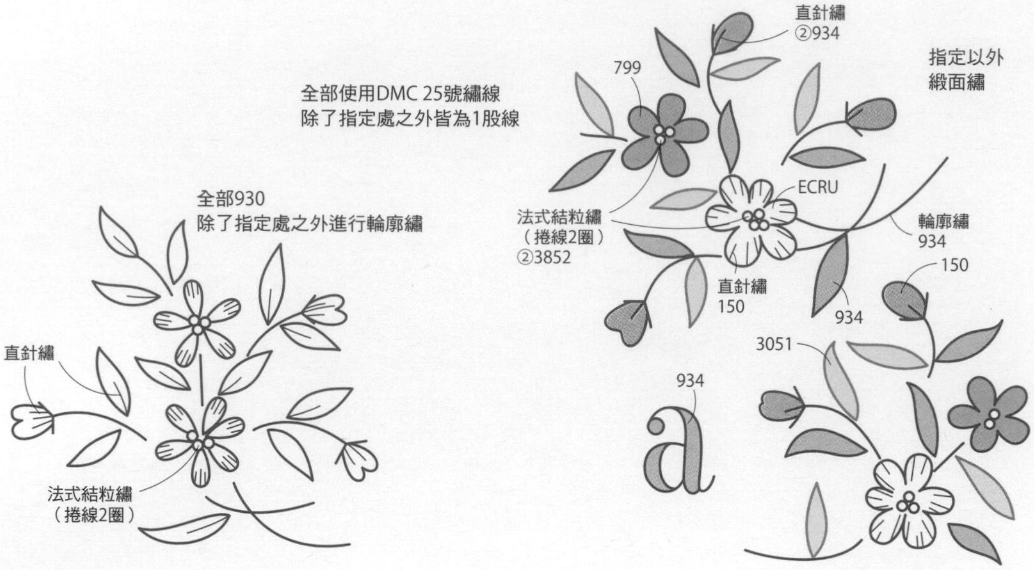

全部930
除了指定處之外進行輪廓繡

直針繡

法式結粒繡
（捲線2圈）

直針繡
②934

指定以外
緞面繡

799

ECRU

法式結粒繡
（捲線2圈）
②3852

輪廓繡
934

直針繡
150

150

934

3051

934

a

17～21 P.18

×××× ××××

萬聖節束口袋

原寸圖案

全部使用DMC25號繡線
除了指定處之外皆為2股
除了指定處之外皆為緞面繡

雛菊繡
③3849

法式結粒繡
（捲線2圈）
③743

輪廓繡
①453

輪廓繡
①310

310

直針繡
310

3849

③310

直針繡
①ECRU

長短針繡
③310

3348

310

921

704

輪廓繡
704

法式結粒繡（捲線3圈）
351

輪廓繡
351

351

Trick or Treat

310

法式結粒繡
（捲線2圈）
310

輪廓繡
743

長短針繡
③310

回針繡
310

輪廓繡
3852

直針繡
3852

310

輪廓繡
3852

310

長短針繡
③ECRU

直針繡
743

743

469

直針繡
469

07 P.11
××××

花卉相簿 原寸圖案

全部使用DMC 25號繡線
除了指定處之外皆為緞面繡

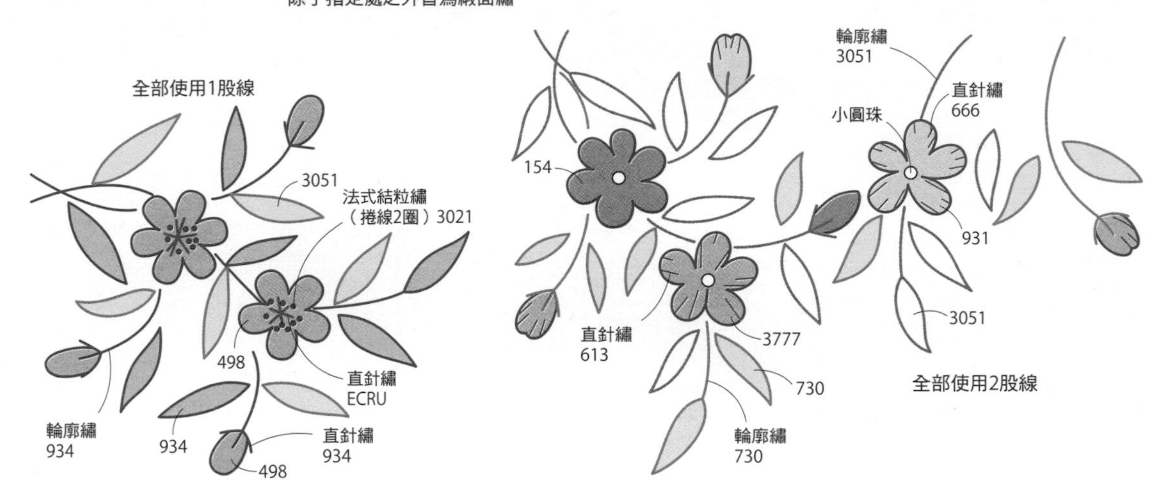

23 P.20
××××

聖誕裝飾 原寸圖案

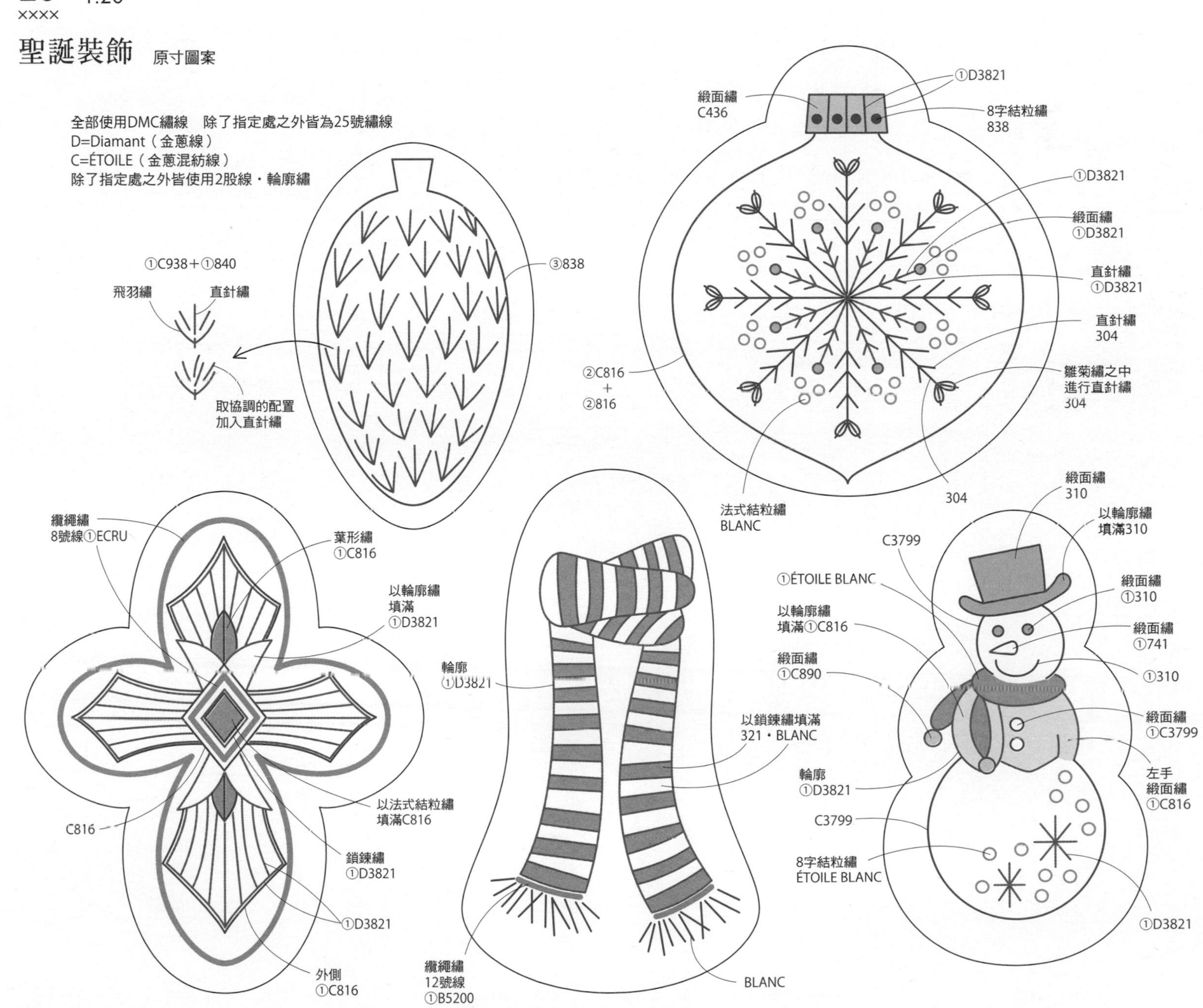

35 P.26
××××

藍腳鰹鳥

原寸圖案

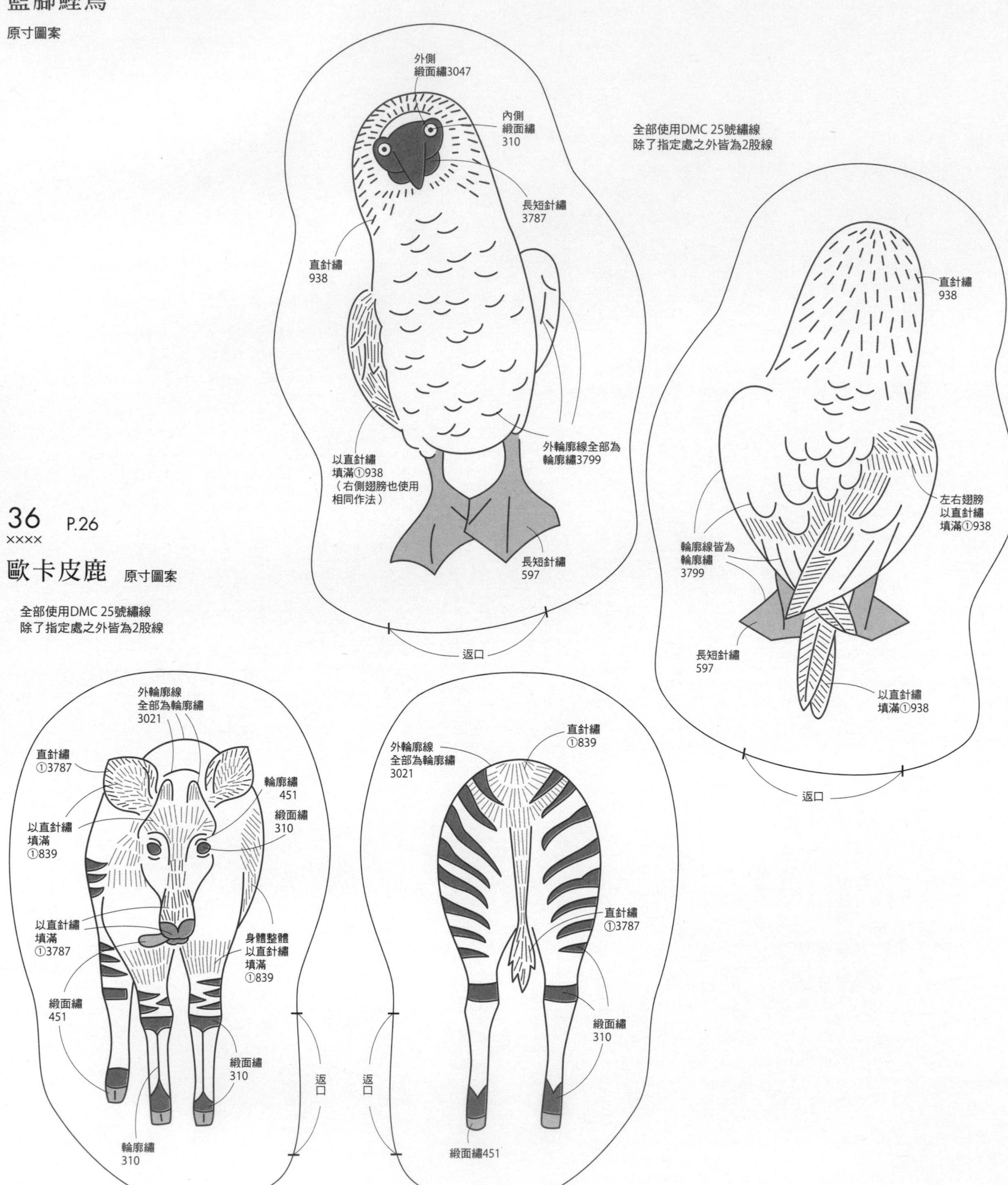

36 P.26
××××

歐卡皮鹿 原寸圖案

全部使用DMC 25號繡線
除了指定處之外皆為2股線

37 · 38 P.27

站立的小貓熊&獅子 原寸圖案・紙型

全部使用DMC 25號繡線
除了指定處之外皆為2股線・緞面繡
後側相同尺寸（只繡爪子）

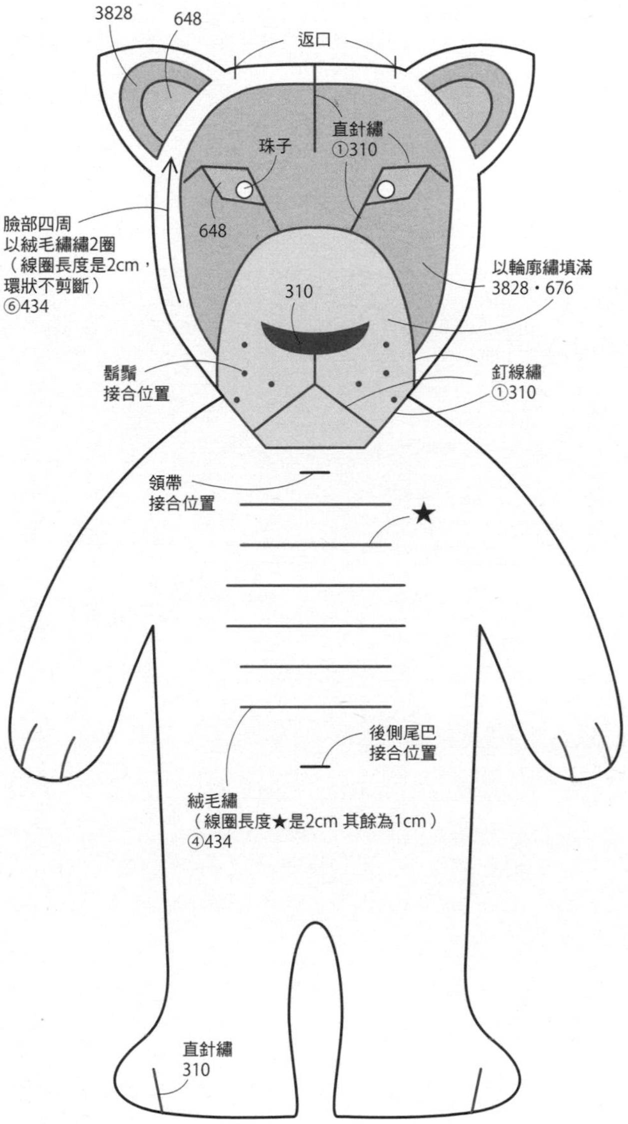

3828
648
返口
直針繡
①310
珠子
臉部四周
以絨毛繡繡2圈
（線圈長度是2cm，
環狀不剪斷）
⑥434
648
以輪廓繡填滿
3828・676
310
鬍鬚
接合位置
釘線繡
①310
領帶
接合位置
★
後側尾巴
接合位置
絨毛繡
（線圈長度★是2cm 其餘為1cm）
④434
直針繡
310

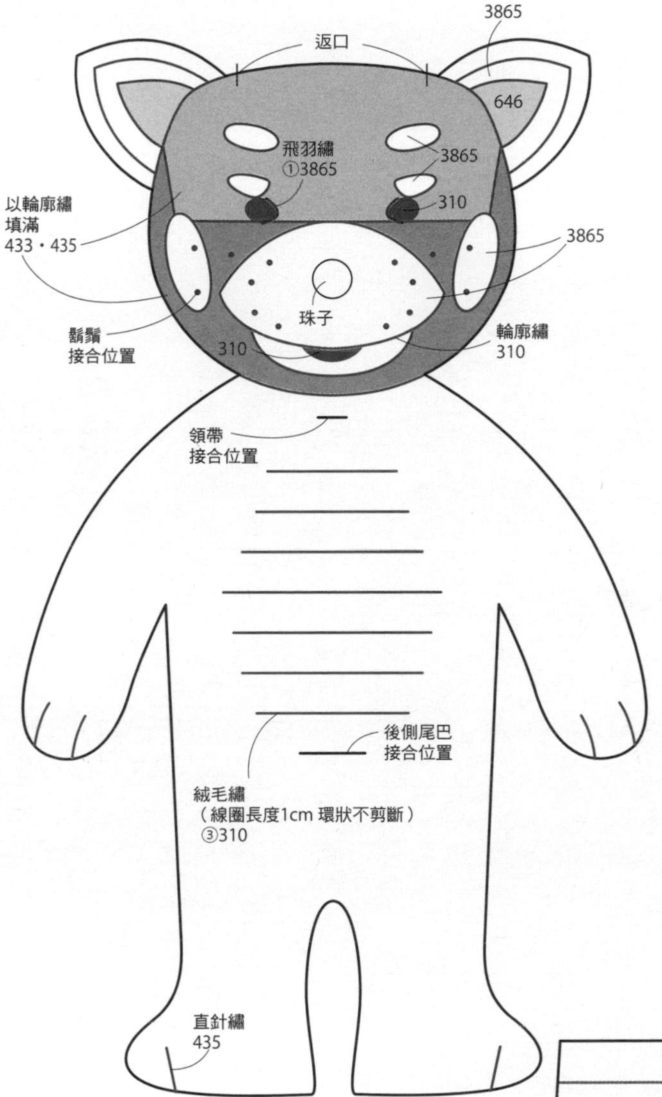

3865
返口
646
飛羽繡
①3865
3865
310
以輪廓繡
填滿
433・435
3865
珠子
鬍鬚
接合位置
310
輪廓繡
310
領帶
接合位置
後側尾巴
接合位置
絨毛繡
（線圈長度1cm 環狀不剪斷）
③310
直針繡
435

小貓熊　尾巴
絨毛繡
（線圈長度1cm 線圈不剪斷）
435
433
310

39 P.30

××××

cototoko老師的沙布列餅乾 原寸圖案

除了指定處之外皆使用DMC25號繡線
（02・03是2017年上市的新色）
A・F・E= Art Fiber Endo麻線・1股
底布是將白色亞麻布・塗上壓克力顏料（白色），
乾燥後再進行刺繡

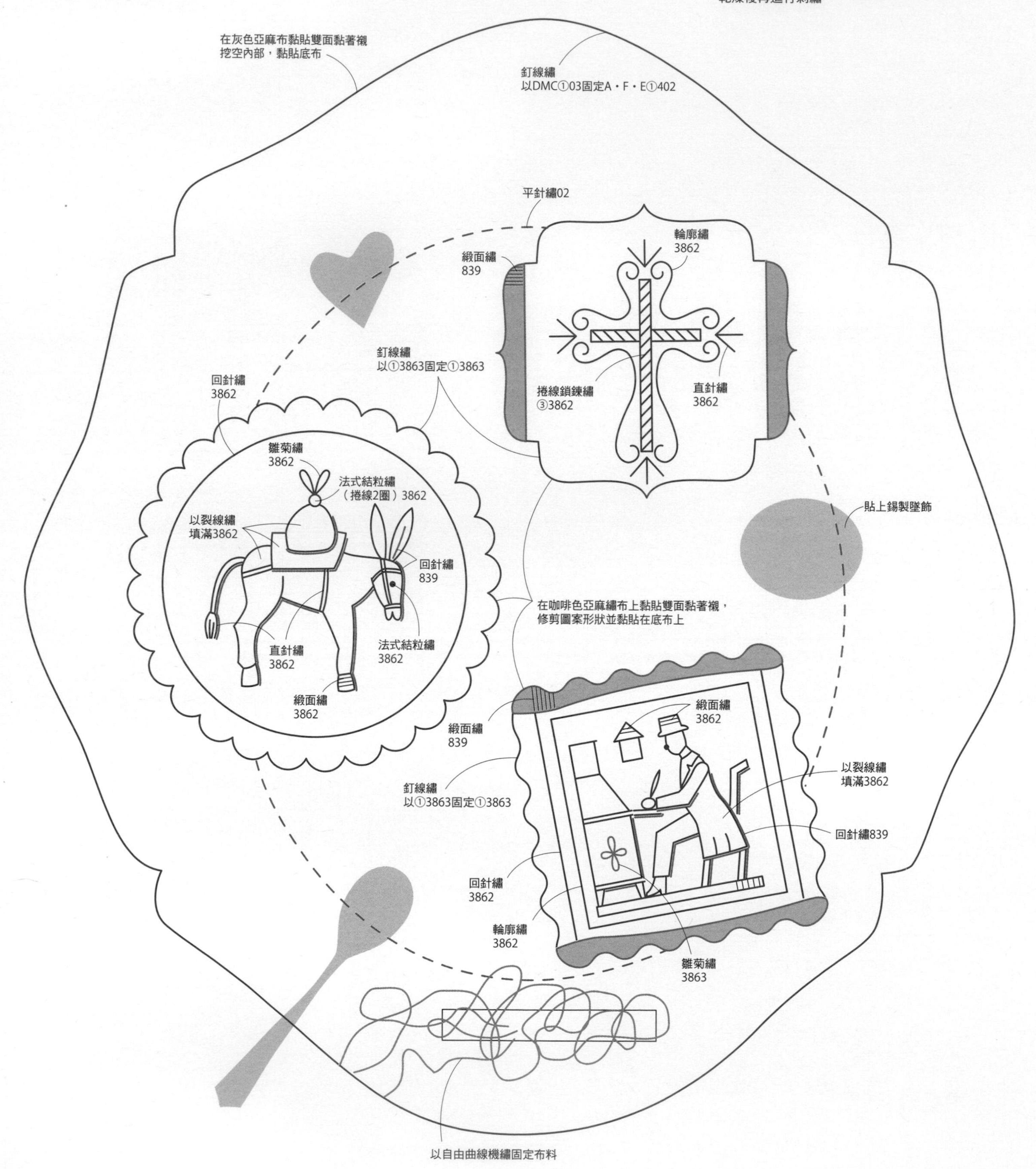

39 P.28

cototoko老師的沙布列餅乾 原寸圖案

40・41 P.40

菱形樣本繡 原寸圖案

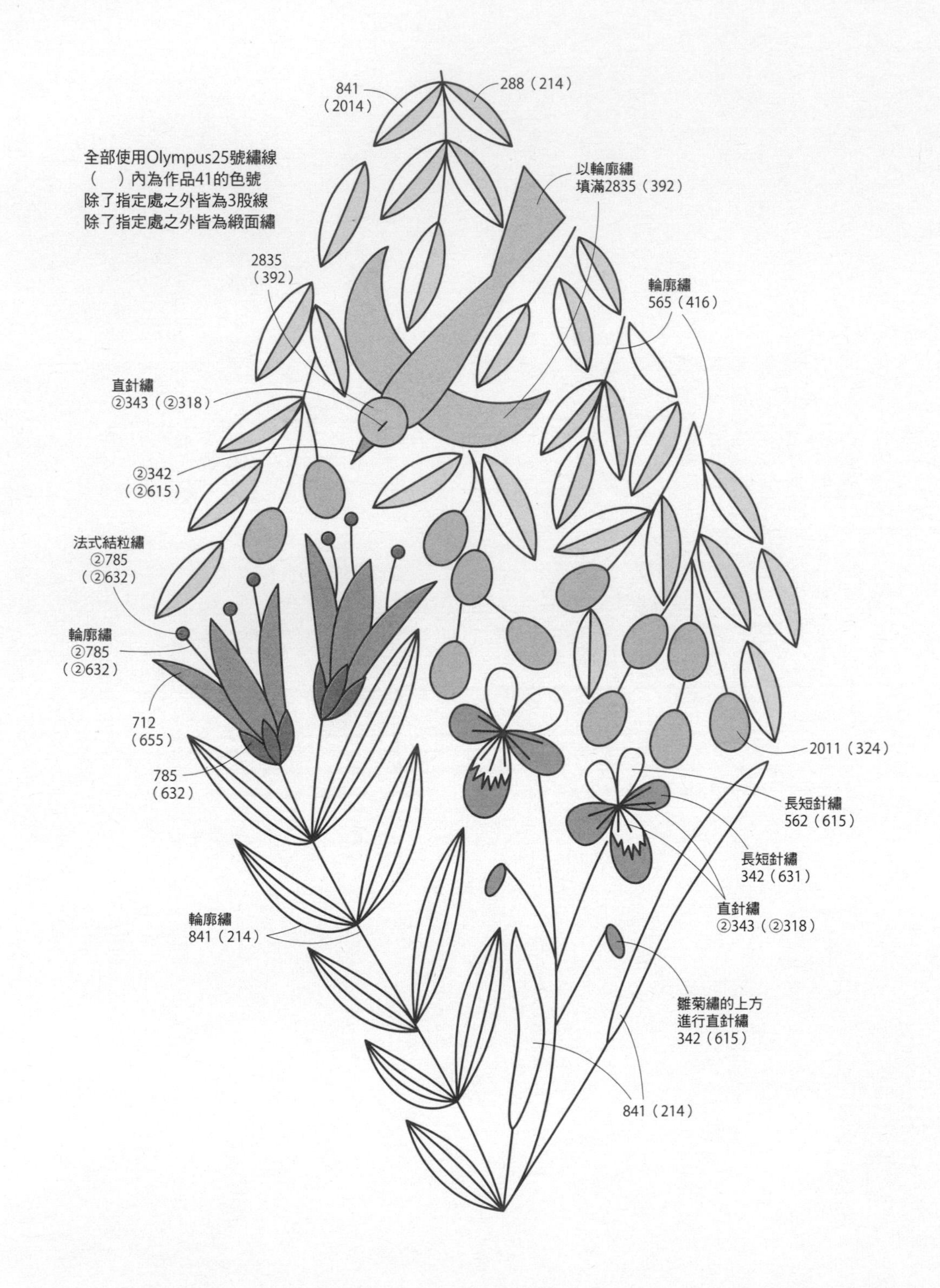

42 P.41

××××

秋色迷你提袋 原寸圖案

全部使用Olympus25號繡線　除了指定處之外皆為3股線
指定處之外皆為緞面繡

2016
輪廓繡
④785
343
2014
288
②785
以輪廓繡
填滿343
直針繡
②2016

64 P.68

××××

瘋刺繡！ 原寸圖案

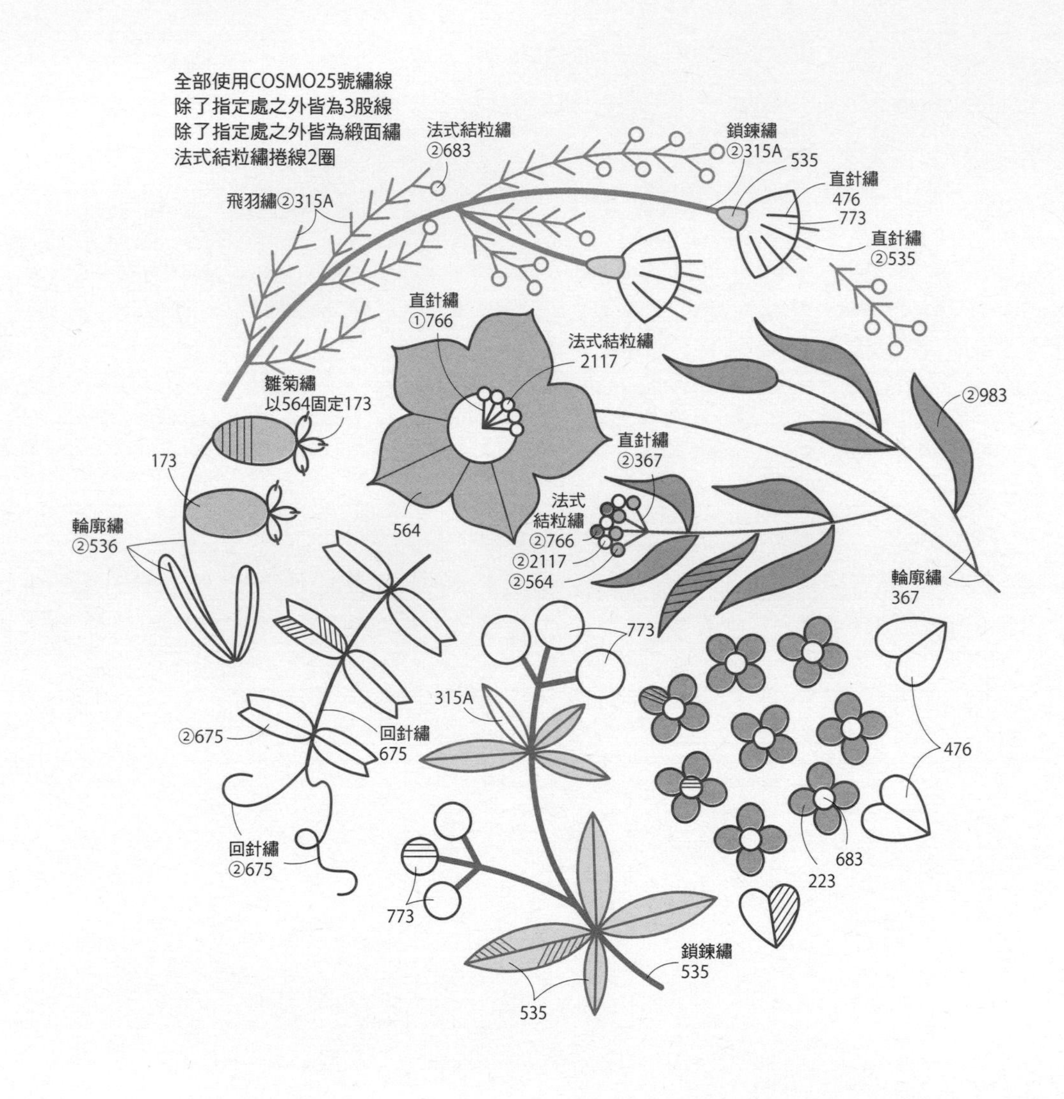

一定要學會の刺繡基礎&作法

準備材料&工具

針 → 2 請參考「關於繡針」

布 → 3 請參考「關於布料」

線 → 4 請參考「關於繡線」

剪刀

刺繡用的線剪與布剪是必要的工具，
製作時請選用尖端為細規格的線剪較為方便。

繡框

用來將布撐開的工具。如果是使用硬質的布刺繡，不使用繡框也可以，隨著圖案大小，框的尺寸需要換使用。

描圖工具 → 1 請參考「關於圖樣」

描圖紙、細字筆、勾邊筆或鐵筆（沒水的原子筆亦可）、手工藝專用複寫紙、珠針、玻璃紙
※製作十字繡時則不需要。

3 關於布

○布料的種類

十字繡	適合一邊數織目一邊製作刺繡的布　※（　）內為織目的算法

粗 ← 十字繡用布　　　平織布 → 細

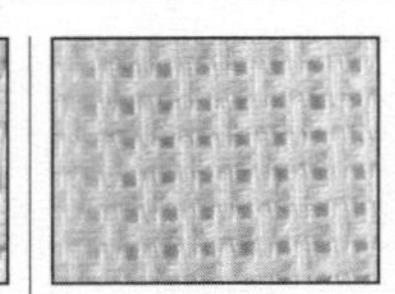

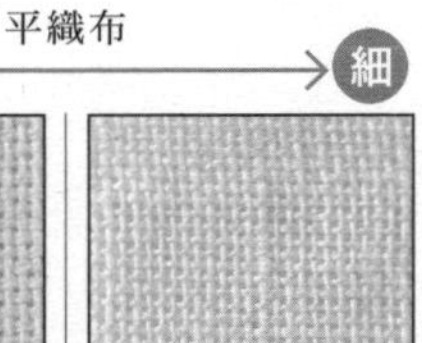

Java Cloth

有規則性的方形格排列孔，可以讓針刺入，專門用作十字繡的布。織目較粗容易計算，初學者可安心使用。
（粗目・中目・細目）

Aida

與Java Cloth的織法不同，請依個人喜好使用，還有Indian Cloth等種類。
（○ct・○目／10cm）

Congress

將經線與緯線有規則地織成的布，織線較粗，容易計算織目。還有Etamin等種類。
（○目／10cm）

刺繡用亞麻布

因為繡線的粗細平均，選擇時請挑選在一定面積內經緯織線數目相同者較為適當。
（○ct・○目／1cm）

布目規格表

目	Count（ct／1吋）	公分（1cm單位）	公分（10cm單位）
粗目	（6ct）	2.5目／1cm	25目／10cm
中目	（9ct）	3.5目／1cm	35目／10cm
—	11ct	4目／1cm	40目／10cm
細目	—	4.5目／1cm	45目／10cm
55	14ct	5.5目／1cm	55目／10cm
—	16ct	6目／1cm	60目／10cm
—	18ct	7目／1cm	70目／10cm
—	25ct	10目／1cm	100目／10cm
—	28ct	11目／1cm	110目／10cm
—	32ct	12目／1cm	120目／10cm

（粗 ↕ 細）

※目的大小是採用（株）LECIEN的規格，吋的單位部分是採用DMC（株）的規格。
依據品牌的不同，布的名稱或目數也會有所差異，買布的時候請向店家確認。

如果遇到這種情況…想製作十字繡，布目卻無法計算時，可利用可拆式轉繡網布。

法國刺繡	基本上，許多布都可以製作。建議使用織目緊密的薄平織麻布，較為容易製作刺繡。絨布質地或太厚的布料，以及有彈性的布料、刷毛的布料都不適合刺繡。

○布的直橫・正反

為防止作品變形，請以直布紋的方向製作。購買時若附有布邊，則布邊的方向為直布紋；如果沒有布邊，請以直橫方向拉拉看，無法伸縮的方向就是直布紋。在素色的平織布上進行刺繡，不用特意在意布的正反面。

有布邊

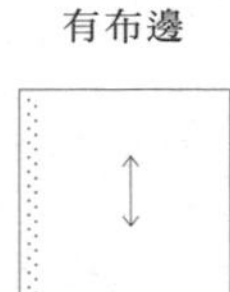

沒有布邊

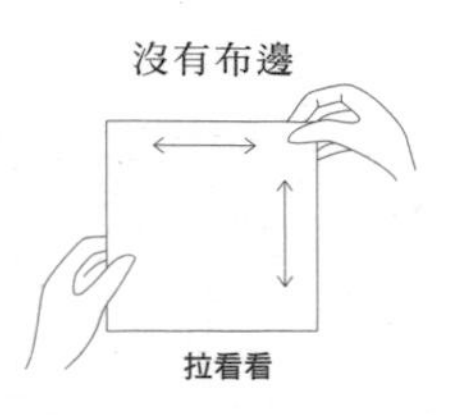

1 刺繡的開始&結束

縱向藏線時

橫向藏線時

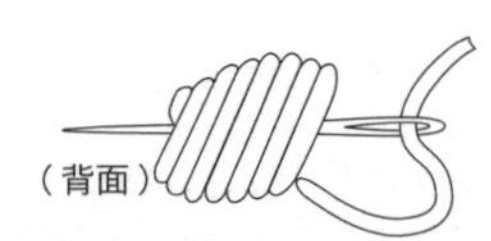

基本上，刺繡不打結。開始刺繡時，要先預留繡針兩倍長的線段，刺繡結束後，再將針線穿過背面針目的下方進行處理。刺繡結束後也一樣不打結，依圖示方法處理。若是覺得困難也可以打結，但必須先在背面將線穿好後再剪斷，最好能學會讓背面看起來也漂亮的正確方法。

2 關於繡針

○針の種類

雖然想一次備齊，但最先需具備的是十字繡針與法國刺繡針。各有不同的用途。

十字繡針

針頭經加工呈圓形，用於十字繡等這類粗平織布的刺繡。在製作法國刺繡失敗，必須拆線時，使用十字繡針處理便不易破壞繡線。

法國刺繡針

針頭尖，製作法國刺繡時使用。

還有其他種類喔！	如緞帶刺繡針或瑞典刺繡針，根據用途或品牌的不同，種類也非常多樣，請多試試，並從中找出喜愛的針。

○繡針的號數&繡線的股數

圖表為參考基準。根據布料的厚薄也會影響刺繡的難易，實際繡繡看，再選擇自己覺得順手的針。

繡針		繡線	
法國刺繡針	十字繡針	25號繡線	花繡線
3號	19號	6股	3股（亞麻布18ct）
3・4號	19・20號	5・6股	
5・6號	21號	4股	2股（亞麻布25ct）
	22號	3股	
7～10號	23號	2股	—
	24號	1股	1股

※繡針號數採CLOVER（株）之規格，品牌不同，針孔大小也會有所差異。
※花線通常以布目的大小選擇針。

基礎指導＝公益財團法人　日本手芸普及協会

BASICS 刺繡基礎

※作法圖中有關尺寸的數字，無特別說明則替為cm。

1 關於圖案

共用部分 | 本書圖案記號的意義 ※○內的數字代表繡線的股數

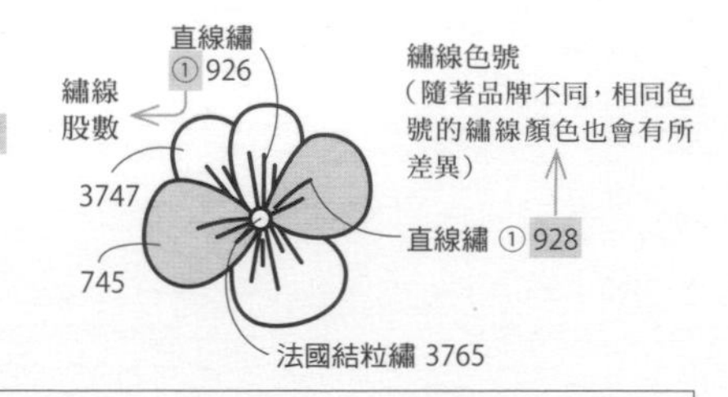

十字繡 | 十字繡不需要描圖。圖案是以不同顏色作記號區分，一格以一目計算。織目較粗的布（如十字繡用布等）以一織目為一目；織目較細的布（如亞麻布）則是以經緯線2×2股（目）當作一目刺繡。

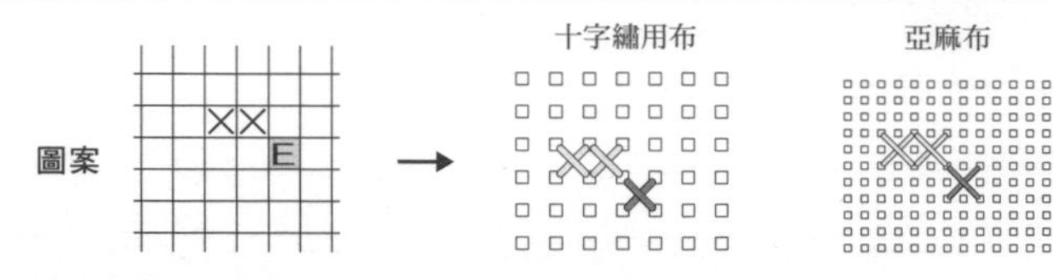

〈使用亞麻布製作十字繡時，將2×2目作為一目的記號〉

1 over 1（全針繡）

1／4格份大小的記號，
表示以亞麻布1×1為一目計算。

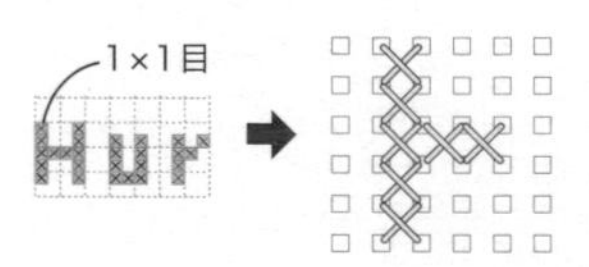

〈十字繡完成尺寸〉

根據布目的大小，十字繡成品的尺寸也會有所不同，如果以手邊現有的布來刺繡，請先計算過成品尺寸以確認布料是否足夠。

3/4 Stitch（3／4針繡）

在／與＼之間，每一個十字繡的其中一線皆是以2×2目的中心為入針處，為一單位作3／4繡。

刺繡作品完成尺寸的算法

使用織目為「○目／10cm」的布料時
刺繡成品尺寸的算法（cm）＝圖案的目數÷○目x10cm

使用「○ct」的布料時
刺繡成品尺寸的算法（cm）＝圖案的目數÷○ctx2.54cm

※繡布及繡線在刺繡實際完成後，因為變形等因素其大小也會有所不同。

小巾刺繡・挪威抽紗繡・直線繡

將圖案的方格視作織線。
進行刺繡時，
請確認跨過的織線數目。

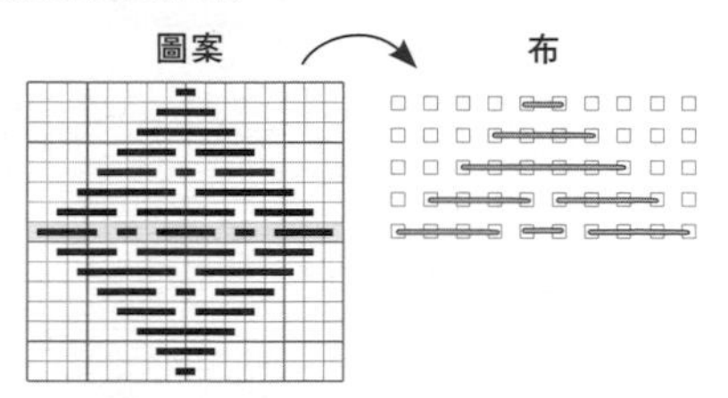

法國刺繡 | 在繡布描上圖案，沿著圖案線條刺繡。

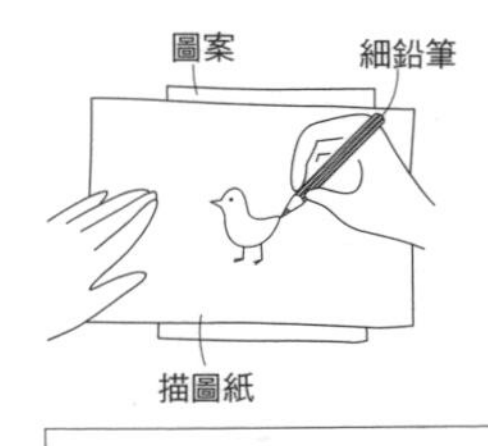

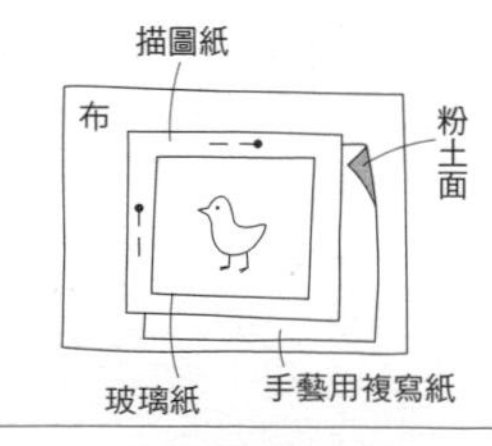

1.在圖案上放置描圖紙，以細鉛筆描繪圖案。
2.在布料上方將描圖紙以珠針固定，中間夾入手藝用複寫紙。最上方放玻璃紙，以手藝用鐵筆描出圖案。

Point

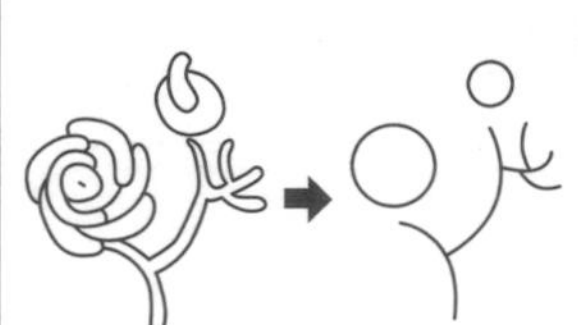

- 描繪圖案前先噴水，再以熨斗整燙布紋。
- 圖案沿著經線、緯線配置。
- 中途不要翻動，一次畫完。
- 若是描圖的顏色過深會把布弄髒或殘留痕跡，顏色太淺記號則可能會在中途消失。請先在不醒目的布邊試畫，找出剛剛好的筆觸力道。
- 請以最簡略的方式描繪圖案，避免露出記號或殘留痕跡。

4 關於繡線

○繡線種類 25號繡線是最常被使用的。以一束＝一捲計算，一般來說，一捲的長度是八公尺。依據Anchor、Olympus、COSMO、DMC等品牌的不同，繡線色號也不同。
花線是100%純棉無光澤的繡線，入手稍困難，可以25號繡線兩股為基準來代替使用（隨品牌不同粗細多多少少有所差異），質樸又有深度的自然色系十分受到歡迎。

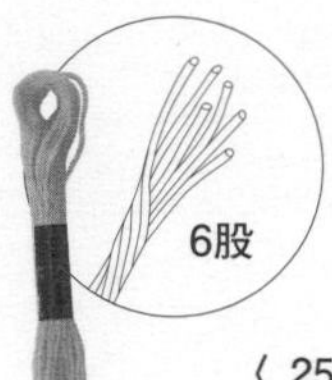

〈25號繡線〉

從一捲繡線抽出來之後，為六股繡線纏繞的狀態。將細線每條以一股計算，按圖案標示的「○股」指示，抽出需要的股數使用。

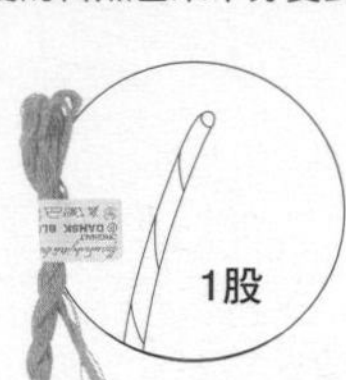

〈花線・5號繡線・8號繡線〉

從一捲繡線抽出就是一股，繡線的粗細為數字越小，繡線就越粗。其他像是à broder或金蔥繡線，除了25號繡線之外，基本上都是以相同的方式計算。

5 25號繡線的處理方式

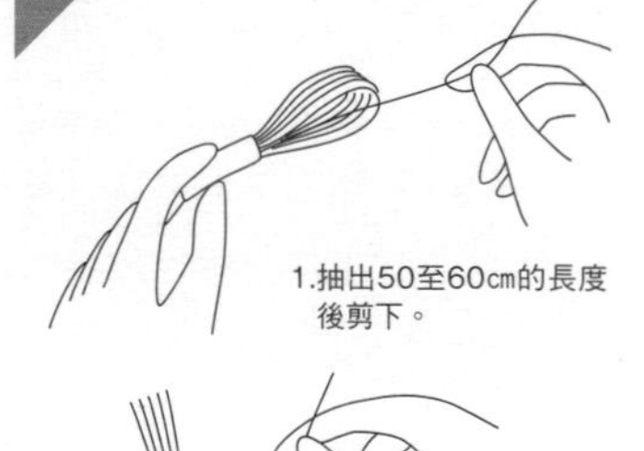

1.抽出50至60cm的長度後剪下。

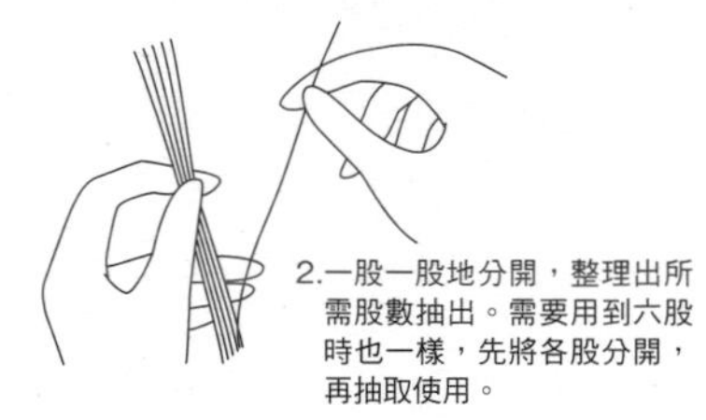

2.一股一股地分開，整理出所需股數抽出。需要用到六股時也一樣，先將各股分開，再抽取使用。

Point

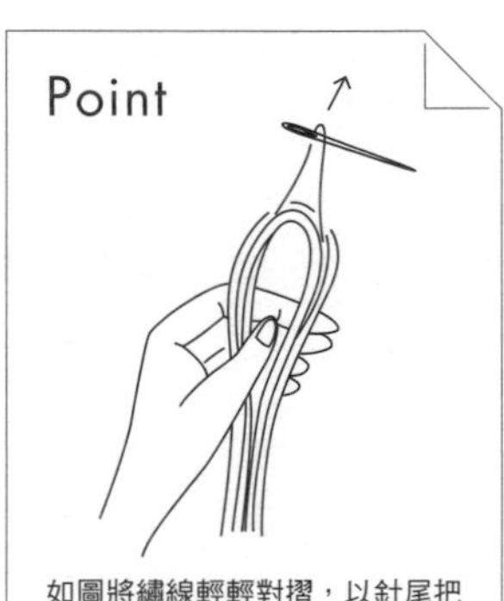

如圖將繡線輕輕對摺，以針尾把要使用的繡線一股一股地挑起，比較不會纏在一起。

6 關於整燙

掌握整燙的方法，作品美感可瞬間加分，
請注意力道，避免破壞刺繡的立體感。

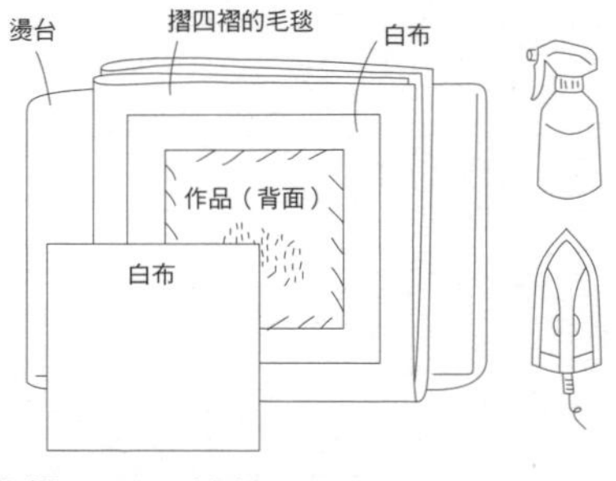

準備工具＆材料

熨斗（使用乾式）／燙台／噴水器／
毛毯（可以毛巾代替）／乾淨的白布兩條

1.依照圖示順序疊上，從作品背面噴水。
2.將白布覆蓋在作品上，注意熨燙時不要使作品變形。
3.使用熨斗的前端，熨燙刺繡品周圍。
4.將作品翻回正面，以白布覆蓋後，再輕輕熨燙。

Point

- 要在圖案線消失後熨燙，有的手藝用複寫紙或描圖筆，屬於遇熱則痕跡無法消除的類型，需特別注意。
- 要裝框等需要平整的作品時，可從作品背面噴上熨燙專用的膠。
- 不要直接熨燙作品，蓋上白布可防止作品燒焦。
- 有的繡線遇熱會褪色，請注意。

刺繡作品簡易裱裝法

裱框

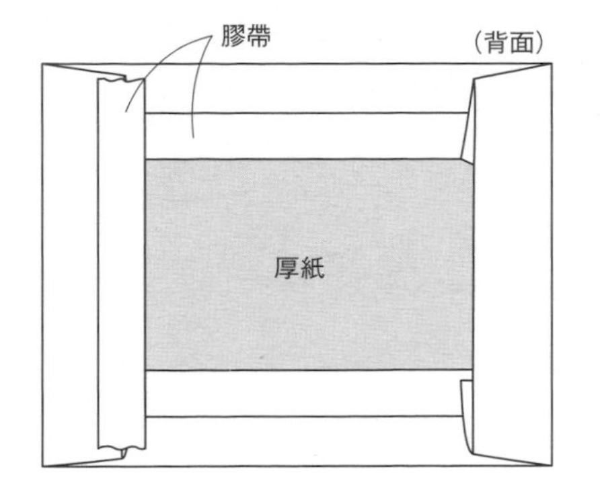

1 作品熨燙整理後，從正面確認是否放正，在背面以膠帶固定。將整個作品翻至背面，摺起四邊拉緊撐起作品後，布邊以膠帶固定。

背板
厚紙
作品
玻璃
框
（背面）

2 以上圖的順序裝訂，依照喜好在玻璃與刺繡作品間放入無光澤紙，不放玻璃也ok！

Point

- 熨燙作品時應從布的背面熨燙，使用熨燙用噴霧膠效果更佳。
- 從背面固定時，以上下→左右的順序固定較不易移位。

刺繡框畫

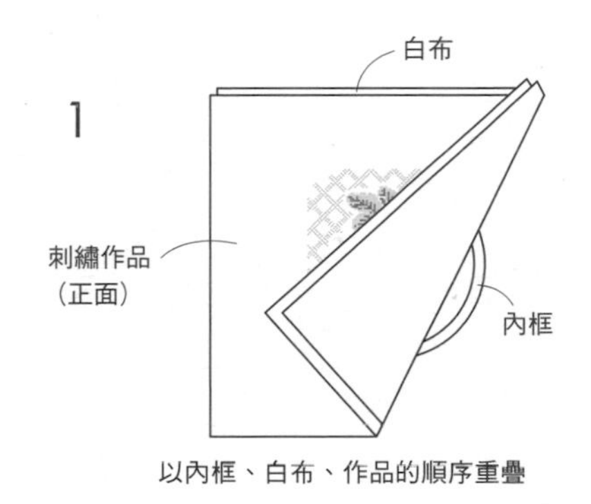

以內框、白布、作品的順序重疊

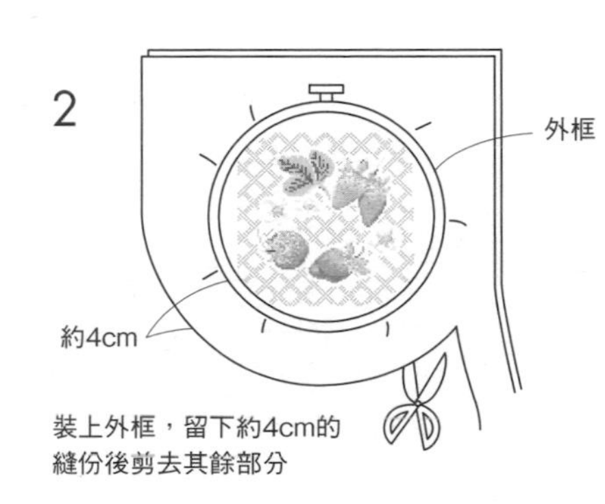

裝上外框，留下約4cm的縫份後剪去其餘部分

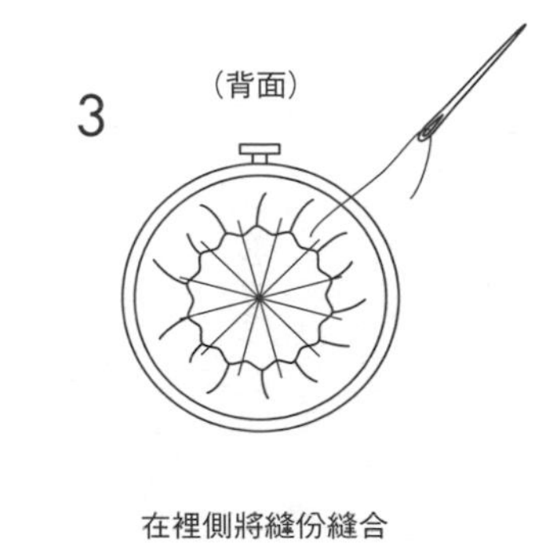

在裡側將縫份縫合

版裝

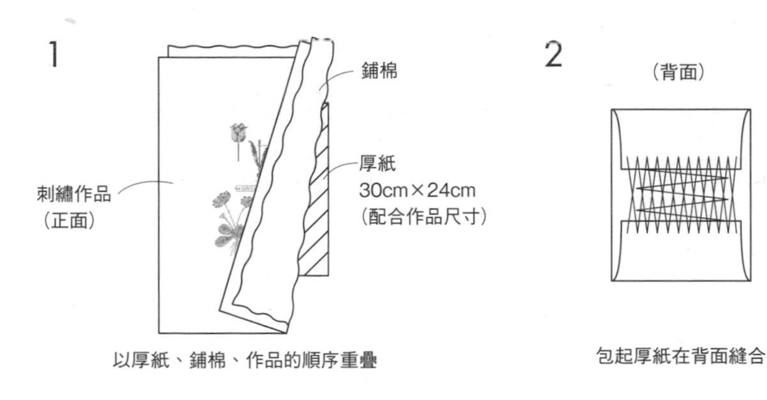

以厚紙、鋪棉、作品的順序重疊

包起厚紙在背面縫合

長條亞麻繡布掛軸・繡帷

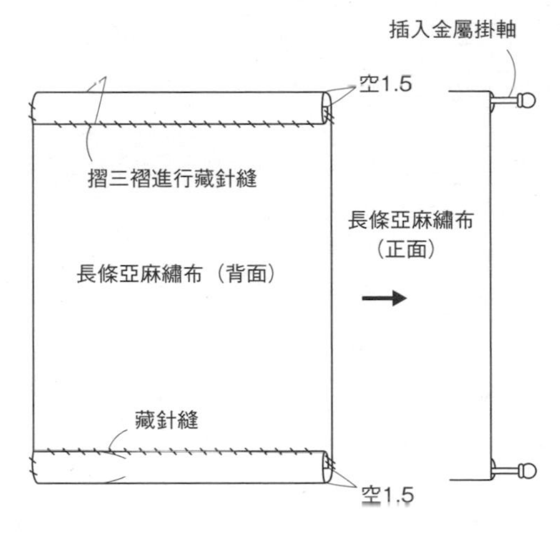

流蘇作法

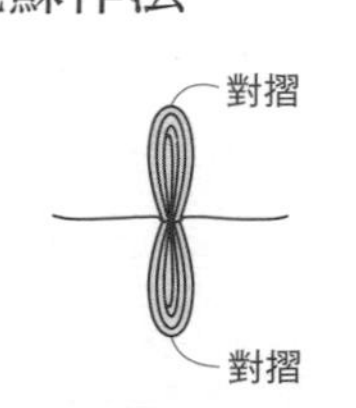

1 將繡線捲成一束，中間以別條線綁緊，並繞至另一端再打一次結。

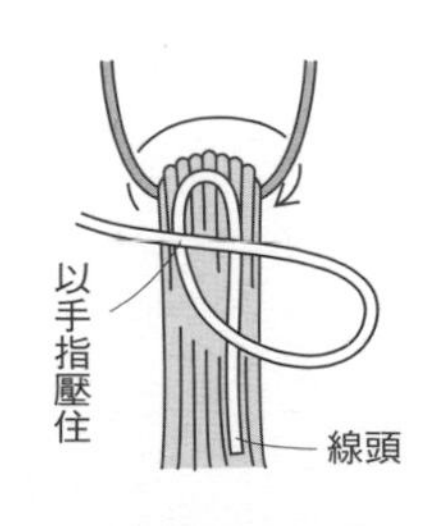

2 將繡線穿過作為掛繩的線並對摺，將打結處藏起來。

3 取另一條線作一個圓圈，緊緊地繞4至5圈。

4 從圓圈上方穿過線頭。

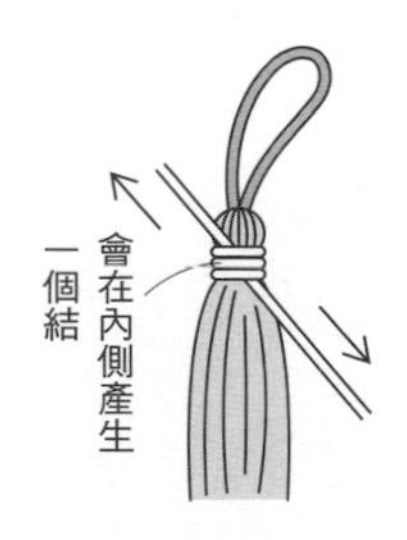

5 將線的兩端往上下反向拉後，儘量將兩側線頭剪短。

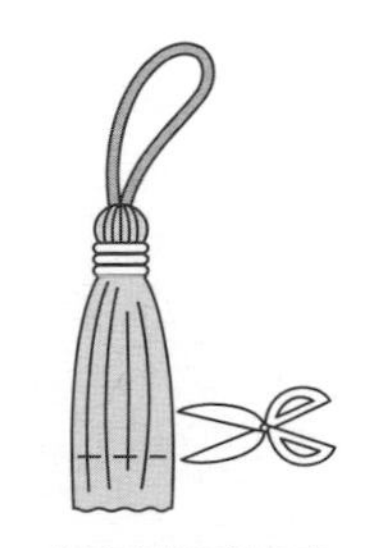

6 修剪成想要的長度。

直線繡
Straight Stitch

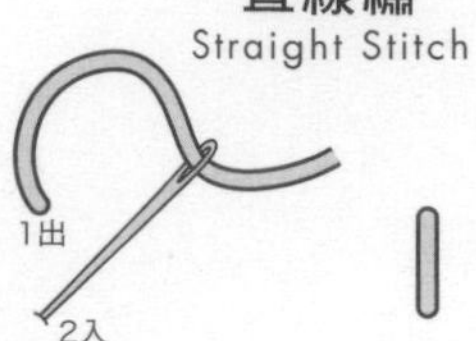

平針繡
Running Stitch

回針繡
Back Stitch

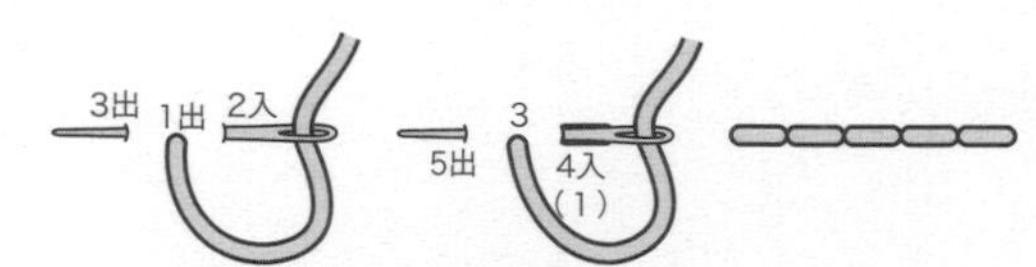

輪廓繡
Outline Stitch

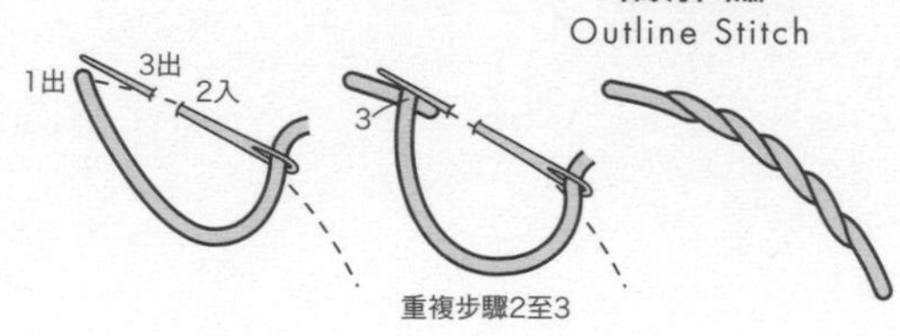

釘線繡
Couching Stitch

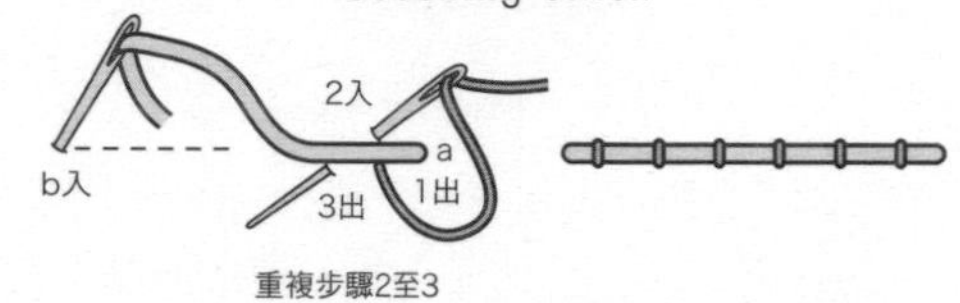

雙面繡
Holbein Stitch

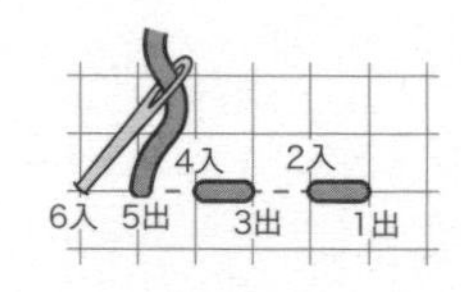

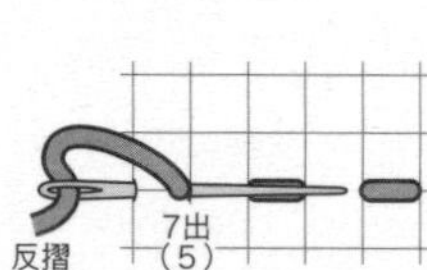

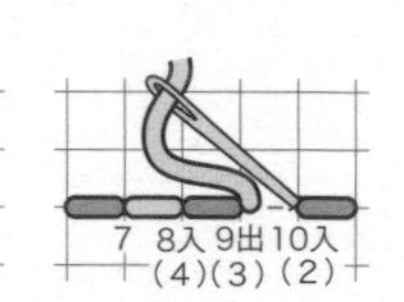

雛菊繡
Lazy Daisy Stitch

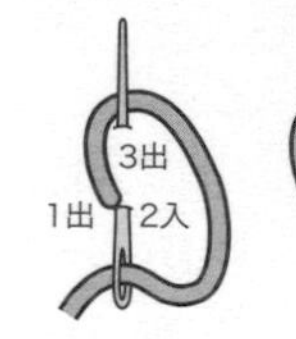

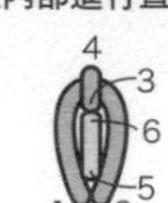
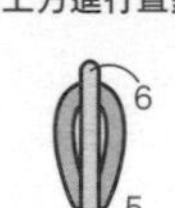

雙雛菊繡
Double Lazy Daisy Stitch

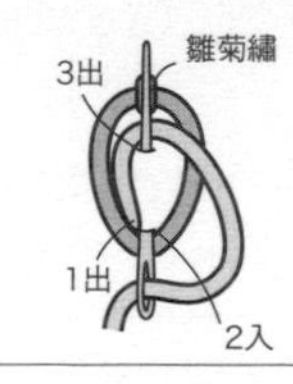

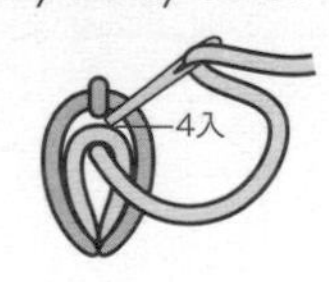

鎖鍊繡
Chain Stitch

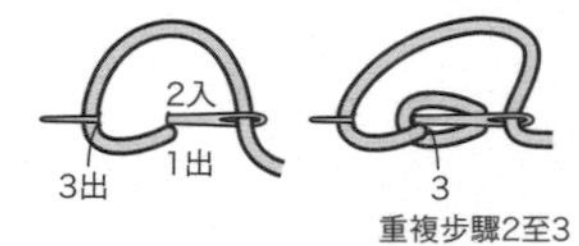

裂線繡（2股線的作法）
Sprit Stitch

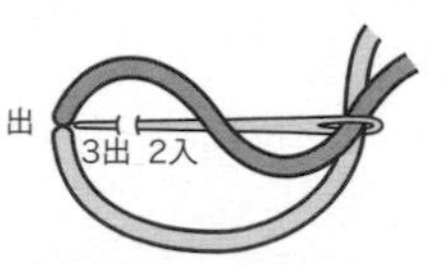

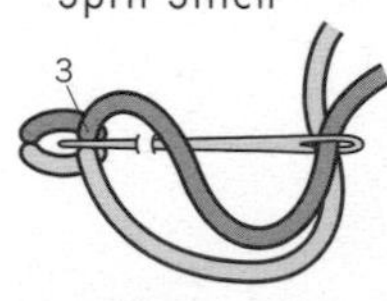

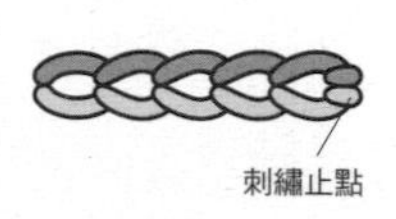

十字繡
Cross Stitch

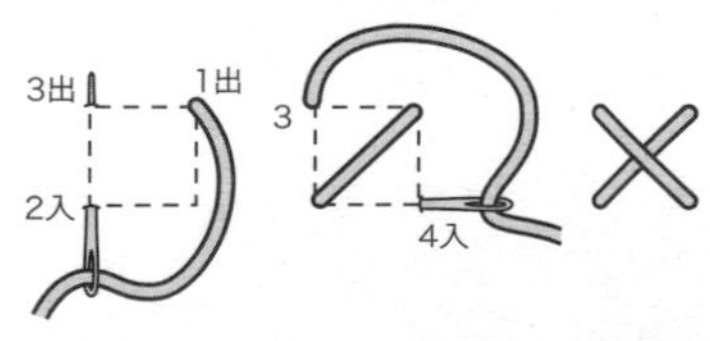

雙十字繡
Double Cross Stitch

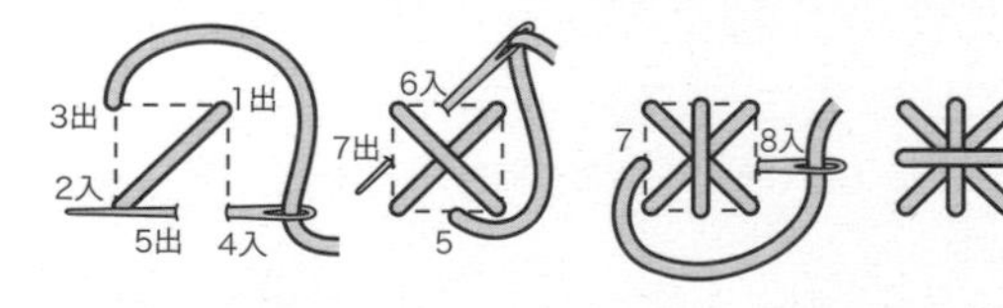

飛羽繡
Fly Stitch

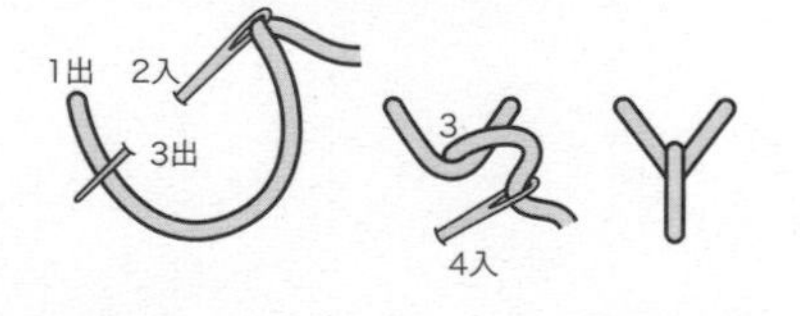

法國結粒繡
French Knot Stitch

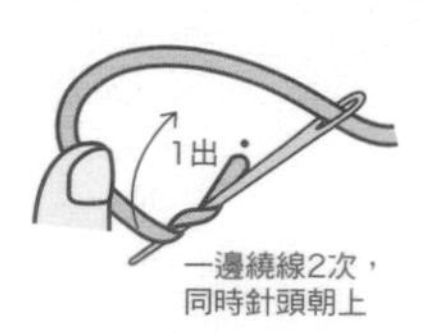

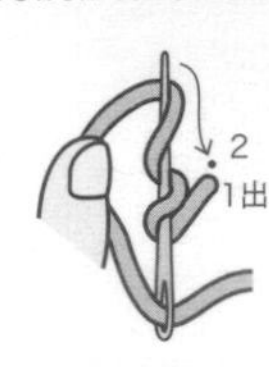

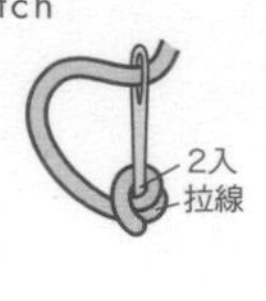

八字結粒繡
Colonial Knot Stitch

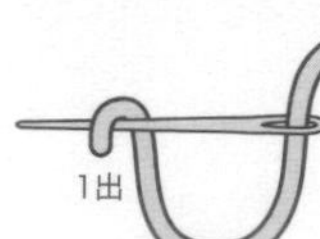

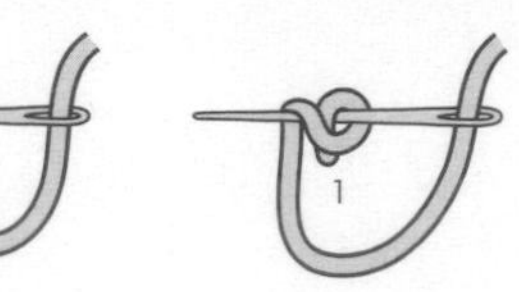
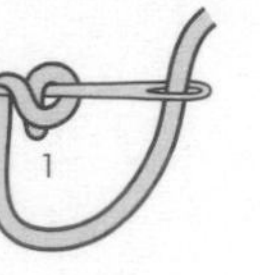

釦眼(毛邊)繡
Buttonhole Stitch

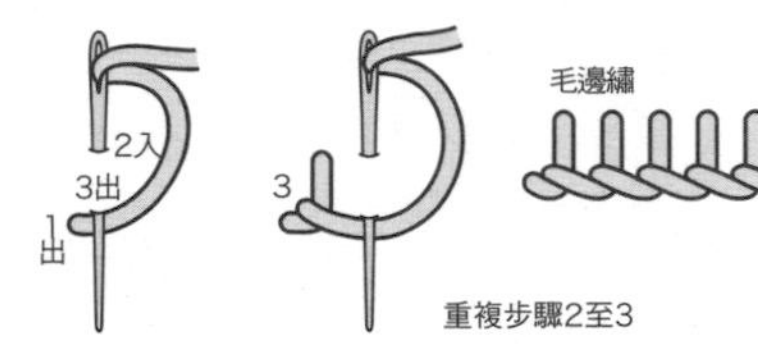

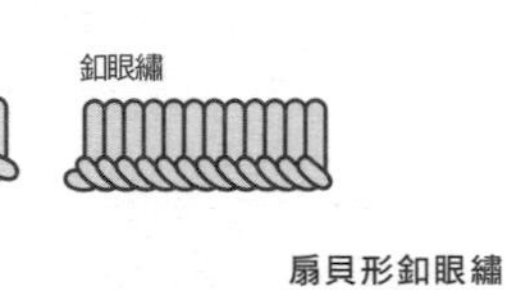

環狀釦眼繡
Circle Buttonhole Stitch

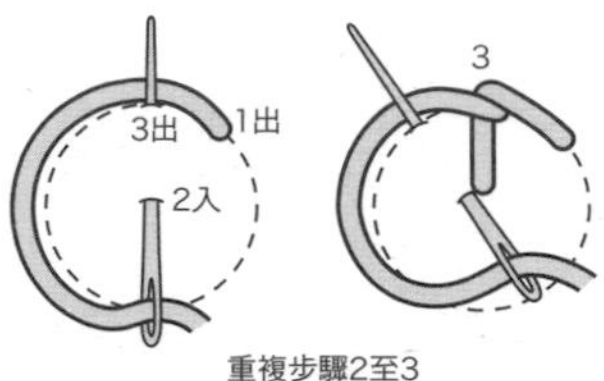

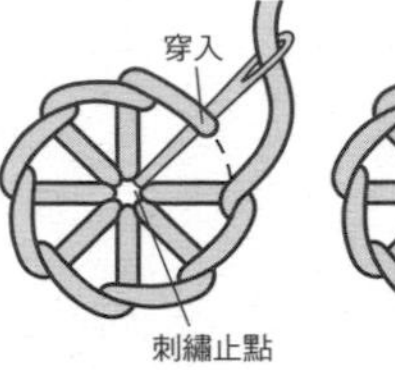

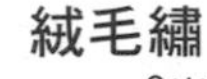

纜繩繡
Cable Stitch

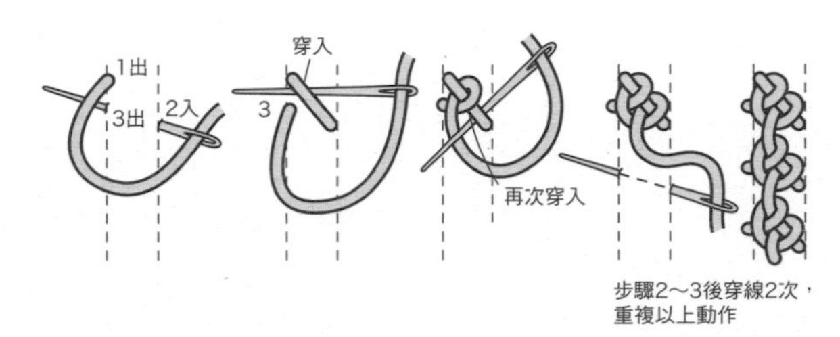

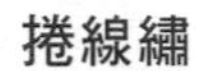

絨毛繡
Smyrna Stitch

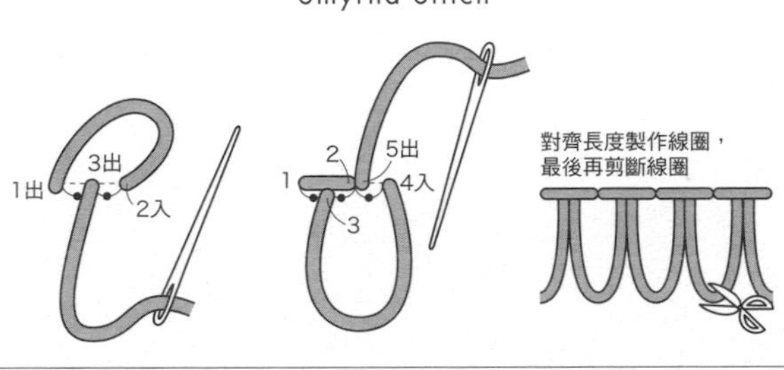

單邊編織捲線繡
Cast-On Stitch

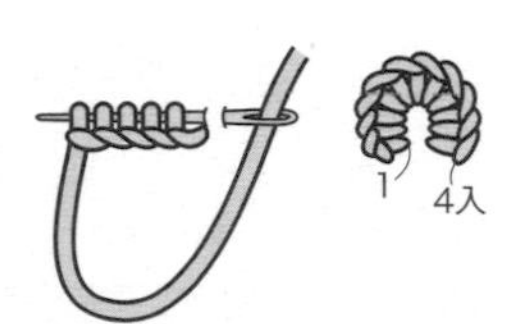

捲線繡
Bullion Stitch

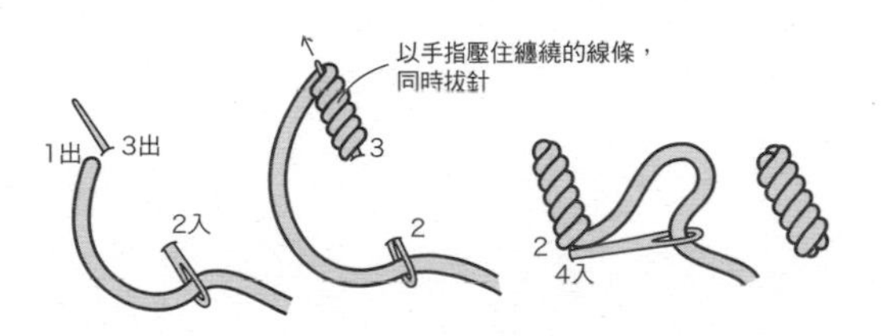

環形繡
Ring Stitch

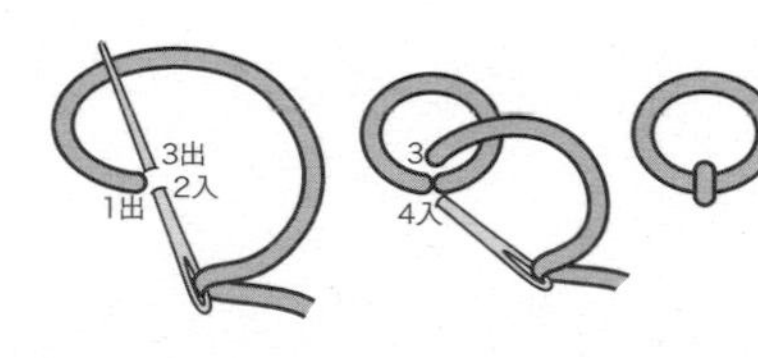

魚骨繡
Fishbone Stitch

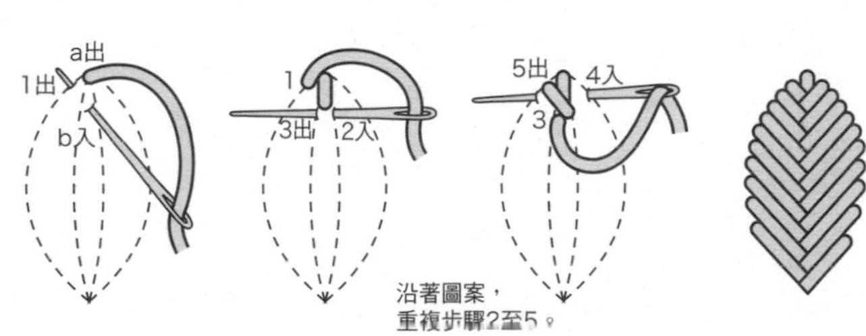

葉形繡
Leaf Stitch

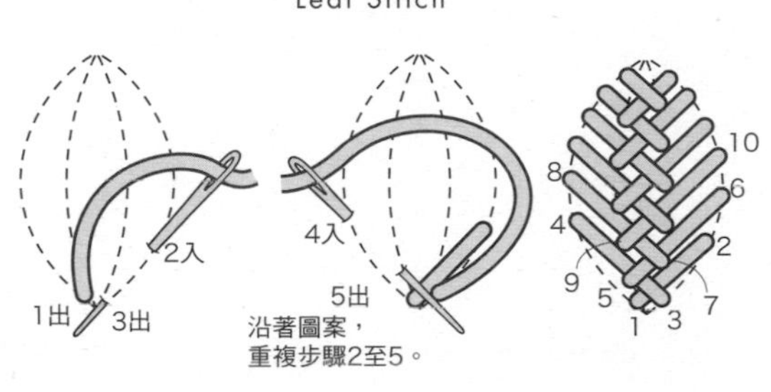

長短針繡
Long & Short Stitch

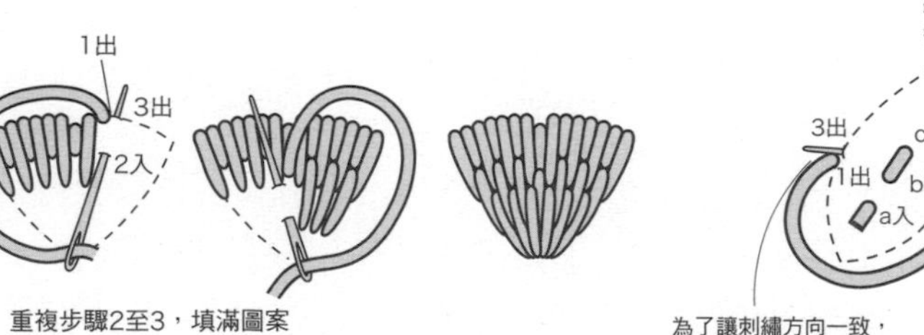

緞面繡
Satin Stitch

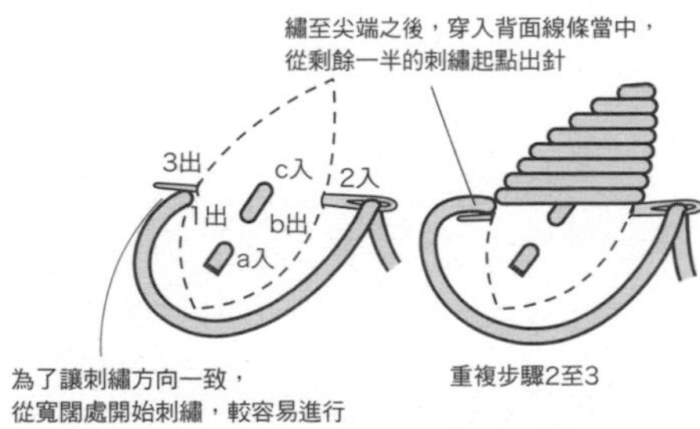

籃紋繡
Basket Filling

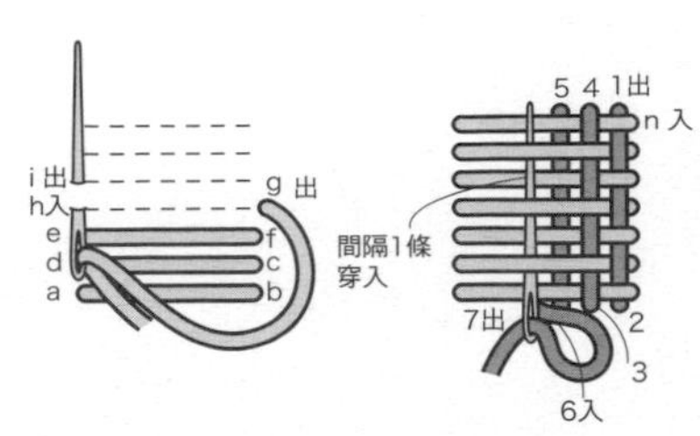

緞帶的穿針方式

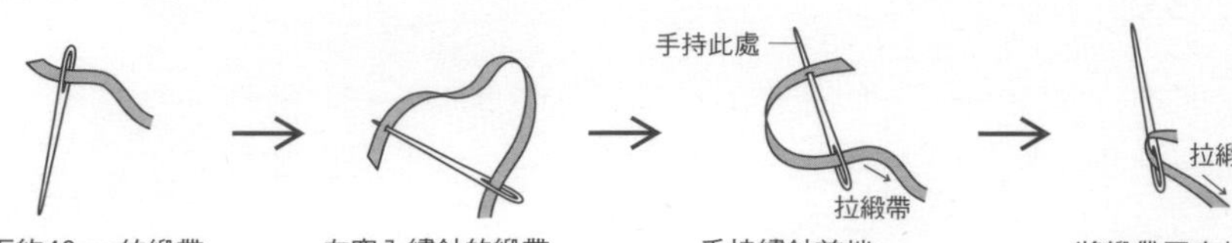

先剪下約40cm的緞帶，前端斜剪，穿入繡針之中。

在穿入繡針的緞帶，距離緞帶尖端處1～2cm的位置入針。

手持繡針前端，拉穿入針孔的緞帶

將緞帶固定於針孔處

捻線方式

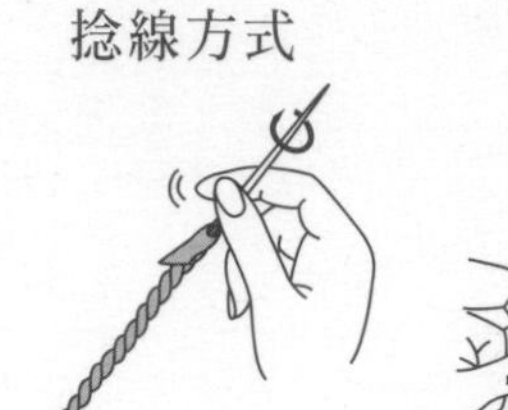
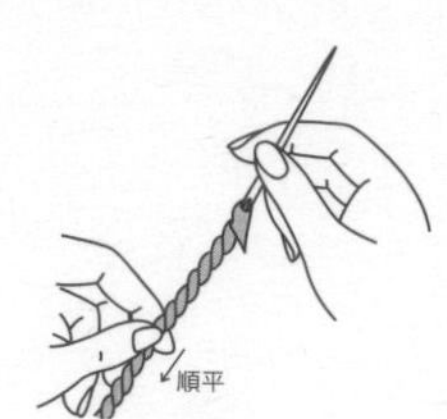

打結方式

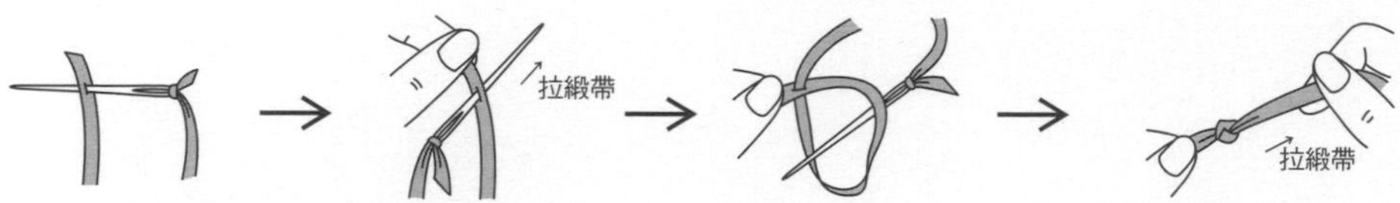

在距離緞帶尾端1～2cm處入針。

手持緞帶末端，將針穿入緞帶中。

將針穿入拔針所作出的環圈之中。

直接拉緞帶打結。輕輕壓著，並小心避免拉得過緊使結變小。

緞帶繡

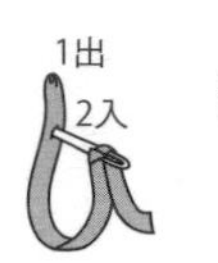

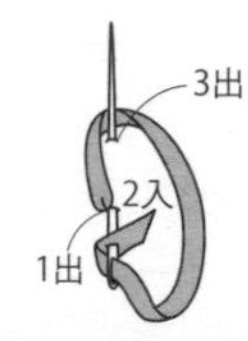

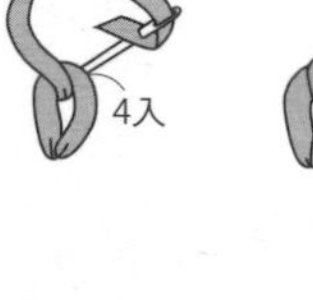

牽牛花的繡法

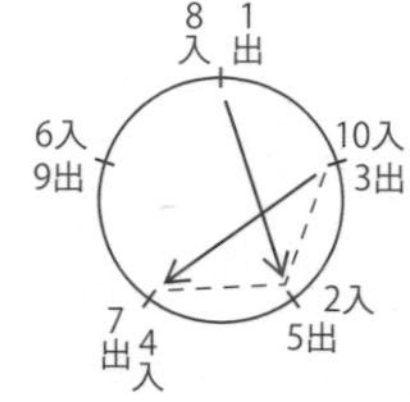

漸層緞帶的深色置於外側，以輪廓繡的方式一邊繞回一邊刺繡。

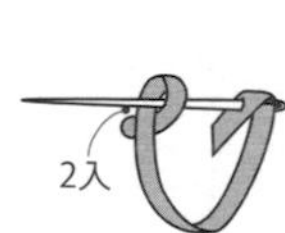

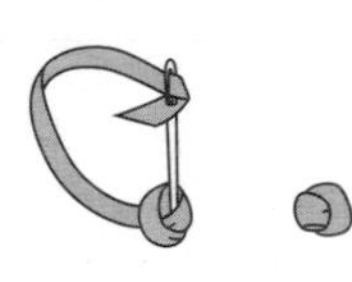

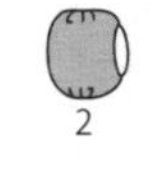

以直針繡包覆法式結粒繡的方式進行

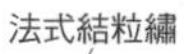

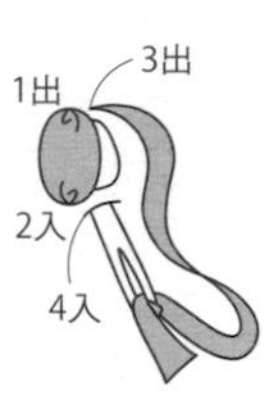

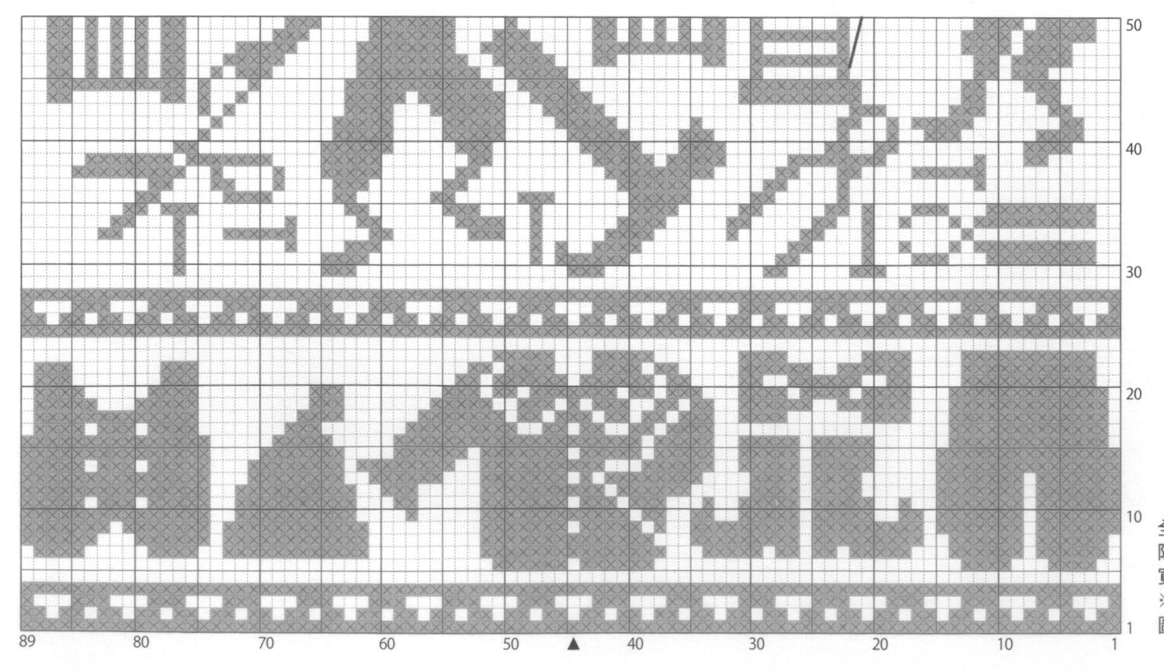

全部使用OOE花線16（使用11束）
除了指定處之外皆為2股線
寬20cm的長條亞麻繡布28ct（11目/1cm）白
※以2×2目為1目
圖案完成尺寸　約37.1×16.2cm

57 P.60

××××

小精靈&老鞋匠
掛軸

圖案

03 P.6
××××

迷你提袋

材料

DMC亞麻繡布28ct（11目／1cm）米白色（3865）25×20cm、灰色亞麻繡布50×55cm、寬0.4cm緞帶30cm、厚黏著襯5×15cm、直徑0.4cm雞眼釦2組、DMC8號繡線（1束250cm）580・783・898各適量

作法（提袋）

1 在本體前側的亞麻繡布上進行刺繡。與後側正面相向車縫底部。
2 製作提把，暫時固定於步驟1的袋口。
3 將步驟2與裡袋正面相對疊合，車縫袋口。
4 將本體及裡袋各自正面相對疊合，留下返口車縫兩脇。
5 翻至正面，以挑縫縫合返口。

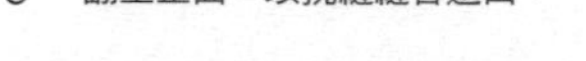

★原寸圖案>>>附錄刺繡圖案集P.82

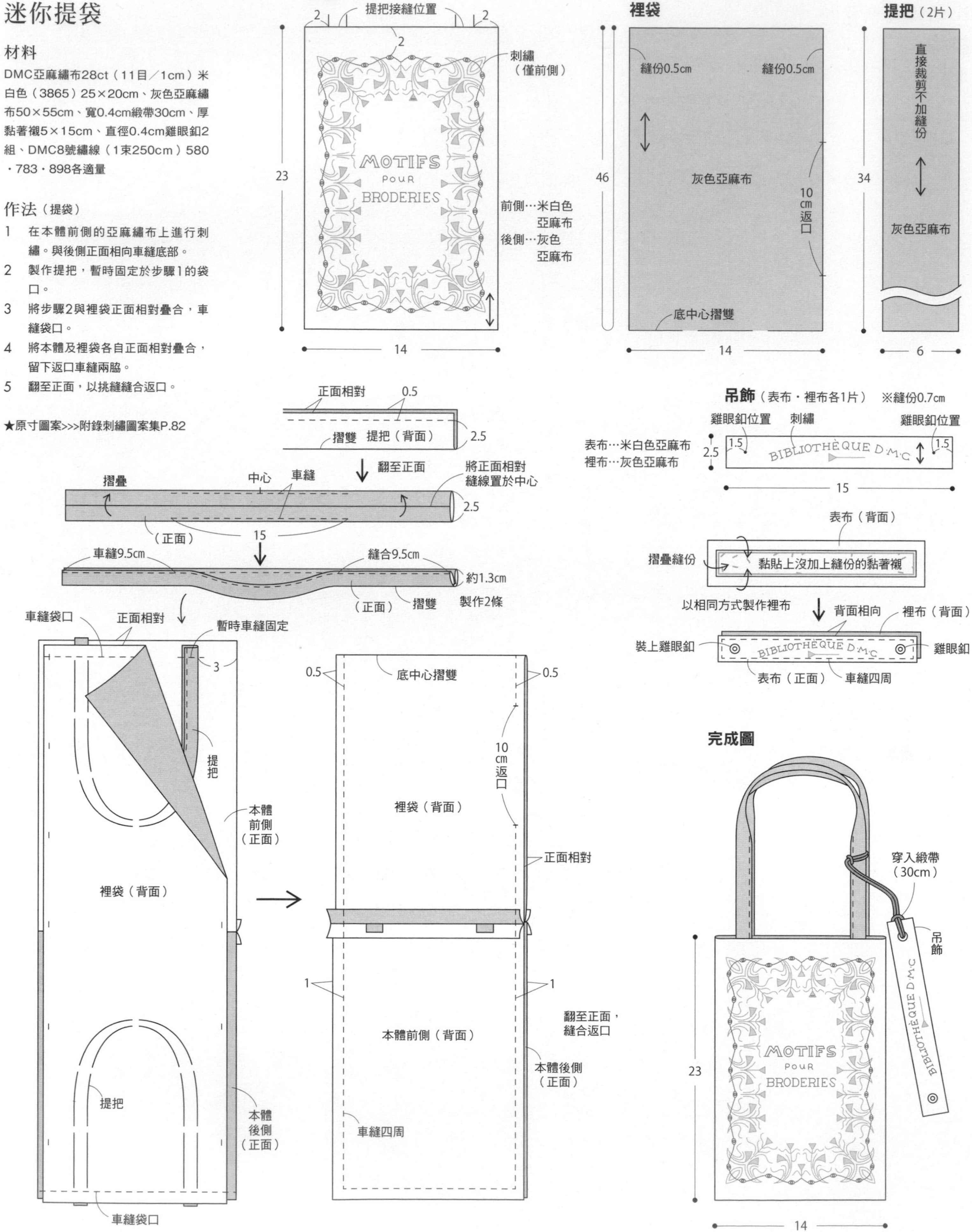

04 P.6

××××

收納包

材料（1個的用量）

DMC亞麻繡布28ct（11目／1cm）米白色（3865）15×25cm、直條紋棉布・米色棉布各35×25cm、黏著襯45×25cm、18cm丈拉鍊1條、寬1.5cm緞帶5cm、DMC8號繡線（1束25m）413・498各適量

作法

1 在B的亞麻布上刺繡。
2 A・B・C的背面黏貼黏著襯。將B的上下與A・C正面相對疊合車縫，製作本體。
3 在本體上端暫時車縫固定拉鍊，與裡袋正面相對疊合車縫，製作本體。
4 本體・裡袋各自正面相對疊合，留下返口車縫兩脇。
5 車縫本體・裡袋的底側身。自返口翻至正面，最後以挑縫縫合返口。

★圖案>>>B面

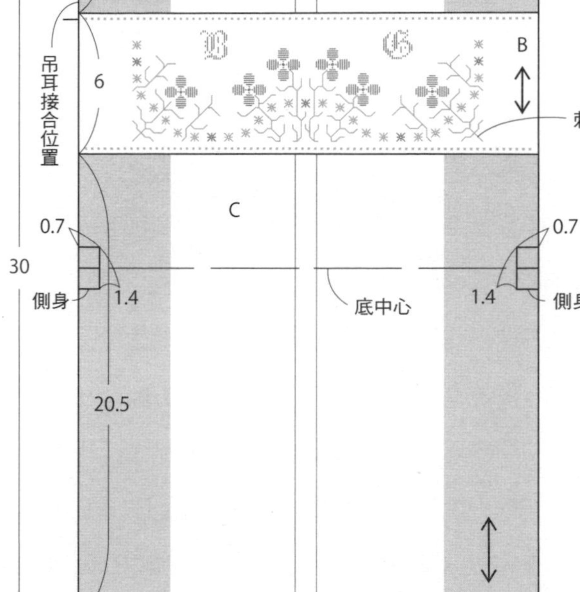

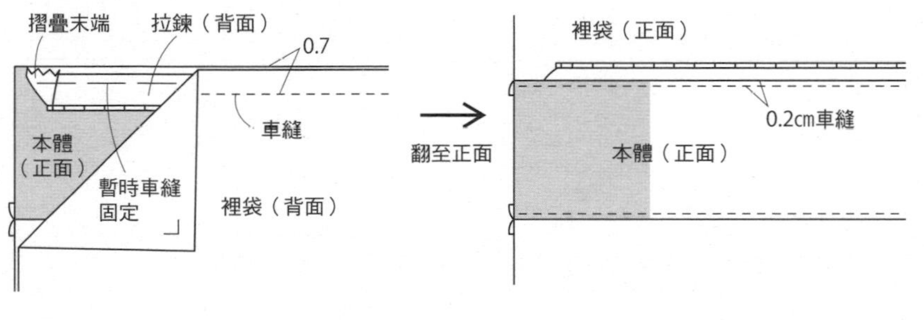

將A・B・C正面相對疊合車縫

黏著襯

A（正面）

②0.2cm車縫。

B是在刺繡完成之後，於背面黏貼黏著襯。

B（正面）

①車縫。

②0.2cm車縫。

C（正面）

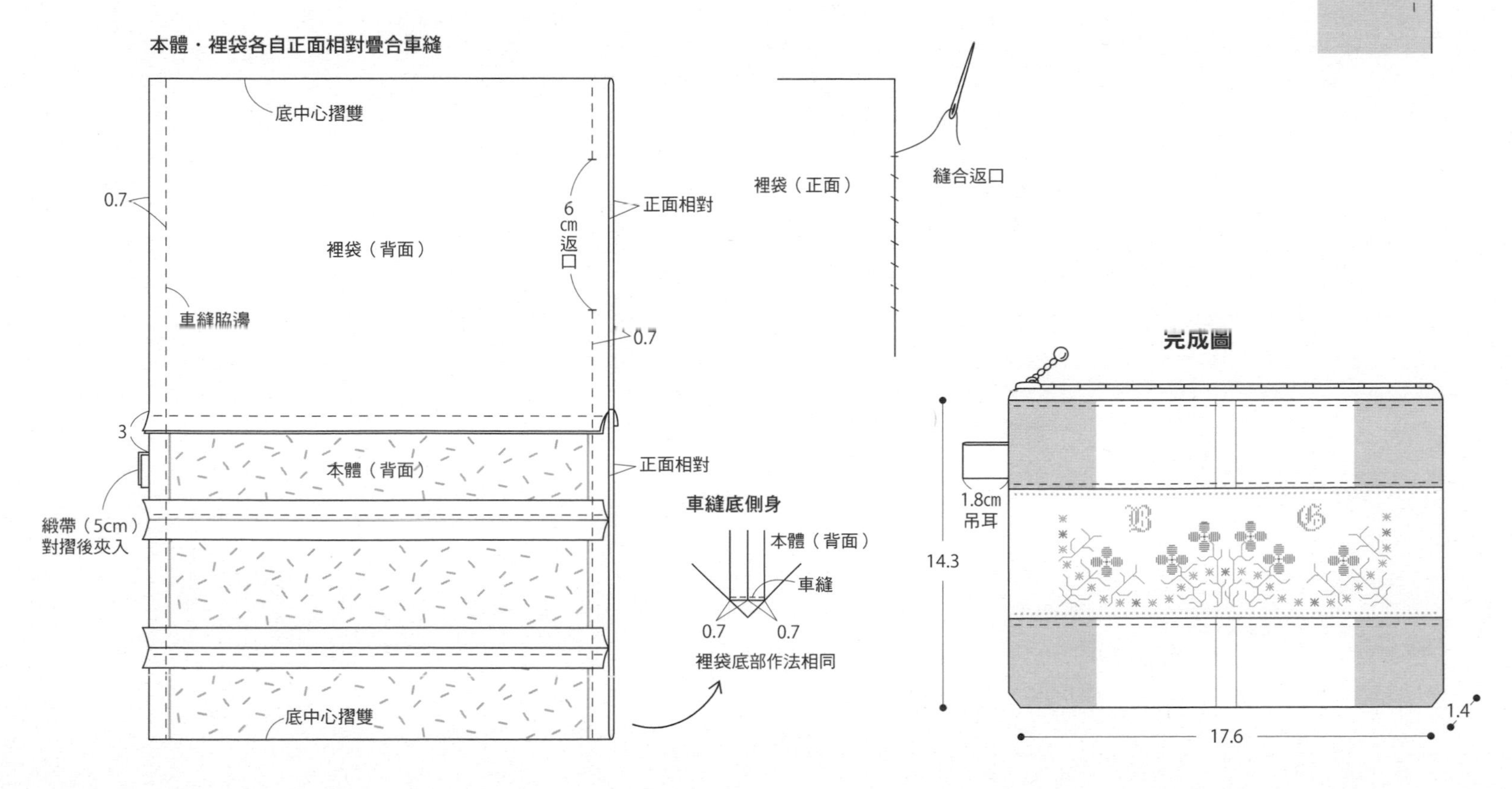

33・34 P.25

毛衣熊＆洋裝貓

材料（貓與提袋）

DMC亞麻繡布28ct（11目／1cm）灰色（954）25×30cm、直徑0.3cm黑珠2個、寬0.2cm提繩20cm、化纖棉・花及葉片飾品各適量、DMC25號繡線各色適量

作法（小熊作法相同）

1. 在亞麻布（準備較大的尺寸）上以原寸紙型作記號，進行前側、後側的刺繡。
2. 以原寸紙型在步驟1的背面，重新作上整體記號。對齊前側、後側的圖案，正面相對，留下返口進行車縫。
3. 加上縫份後修剪四周，在縫份剪牙口並翻至正面。（雙腿間的縫份較少，因此預先塗上防綻用的白膠）。使用手藝鉗等工具，較窄的部位較容易翻至正面。
4. 塞入化纖棉（以免洗筷等工具確實塞入手腳、耳朵末端），縫合返口。
5. 耳朵、脖子的位置以縮縫收縮，呈現出立體感。最後縫上當成眼睛的珠子。

★圖案・原寸紙型>>>A面

貓咪 前側

十字繡
珠子縫合位置
完成線
約11cm
灰色亞麻布
約9cm

後側

十字繡
完成線
約11cm
灰色亞麻布
約9cm

正面相向
②加上縫份後剪下。
前側（正面）
③在縫份剪牙口。
①緊密縫合。
縫份0.5cm
返口邊緣進行回針縫
後側（背面）
④翻至正面。
在較大的布料上刺繡
返口
返口的縫份0.7cm
雙腳之間塗上防綻用白膠，乾燥之後再剪牙口

刺繡起點與終點回針1針
縮縫A～B並穿入其中，再以B～A回針後拉線
⑦耳朵連接處縮縫並收縮。
⑧縫合頸部四周。
縮縫C～D
以耳朵的相同方式縮縫
⑤確實塞入化纖棉。
前側（正面）
⑥縫合返口。

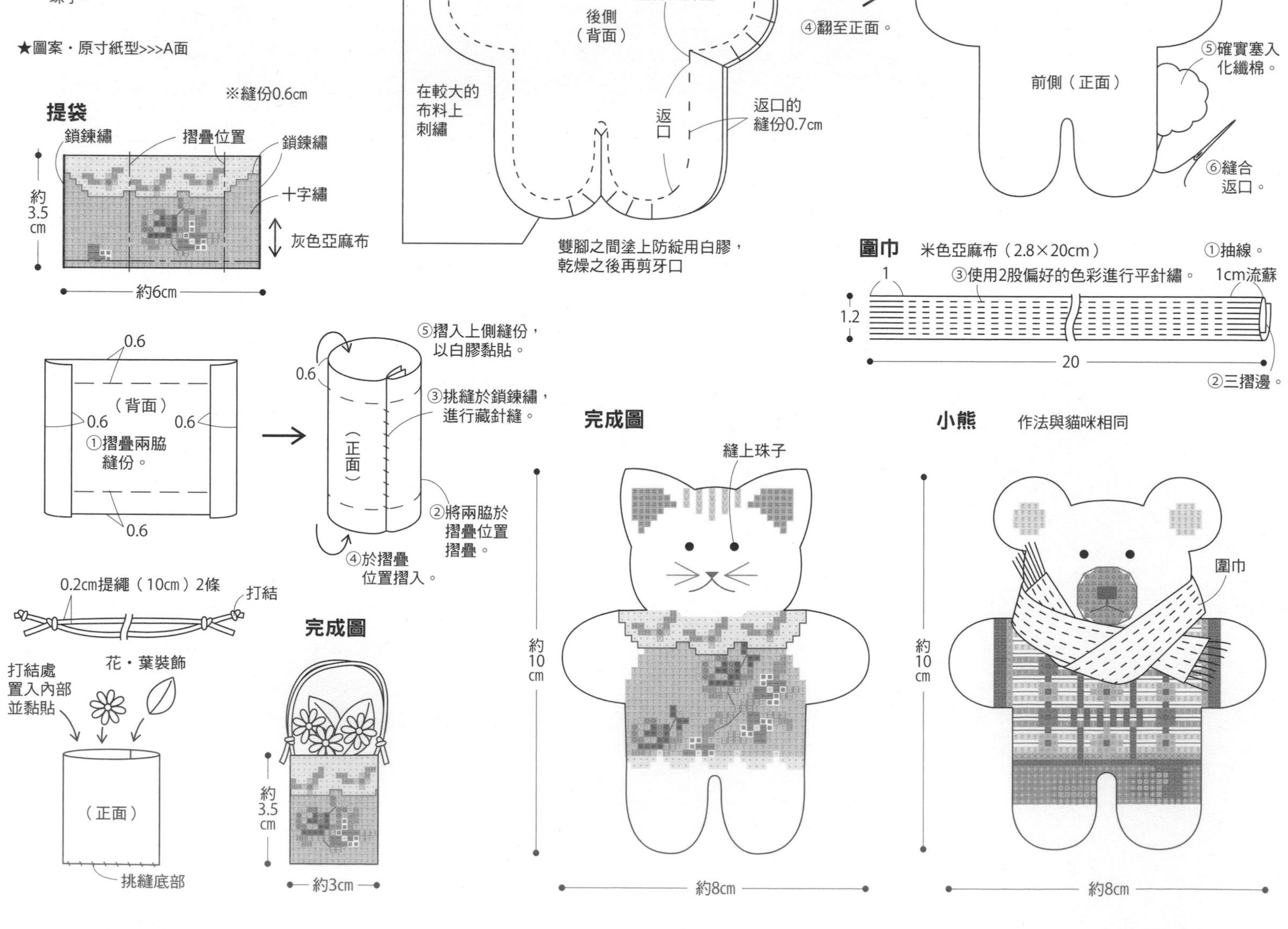

37・38 P.27

×××× ××××

站立的小貓熊＆獅子

材料

小貓熊…黑色緞帶40×20cm、深藍緞帶10×10cm、直0.6cm黑珠1個、紅色大圓珠・化纖棉・白色車縫線各適量、DMC25號繡線各色適量

獅子…米色亞麻布40×20cm、原色亞麻布10×10cm、黑色大圓珠2個、綠色大圓珠・化纖棉・白色車縫線各適量、DMC25號繡線各色適量

作法重點（2款作法相同）

前側使用繡框，絨毛繡最好在其他刺繡完成之後再進行。化纖棉要確實塞入手腳前端（注意不要塞過量）。小貓熊的尾巴則裝在可支撐自立的位置。獅子鬃毛的毛圈繡在塞入化纖棉並縫合返口之後，進行收尾的刺繡。

★原寸圖案・紙型 >>> 附錄刺繡圖案集P.91

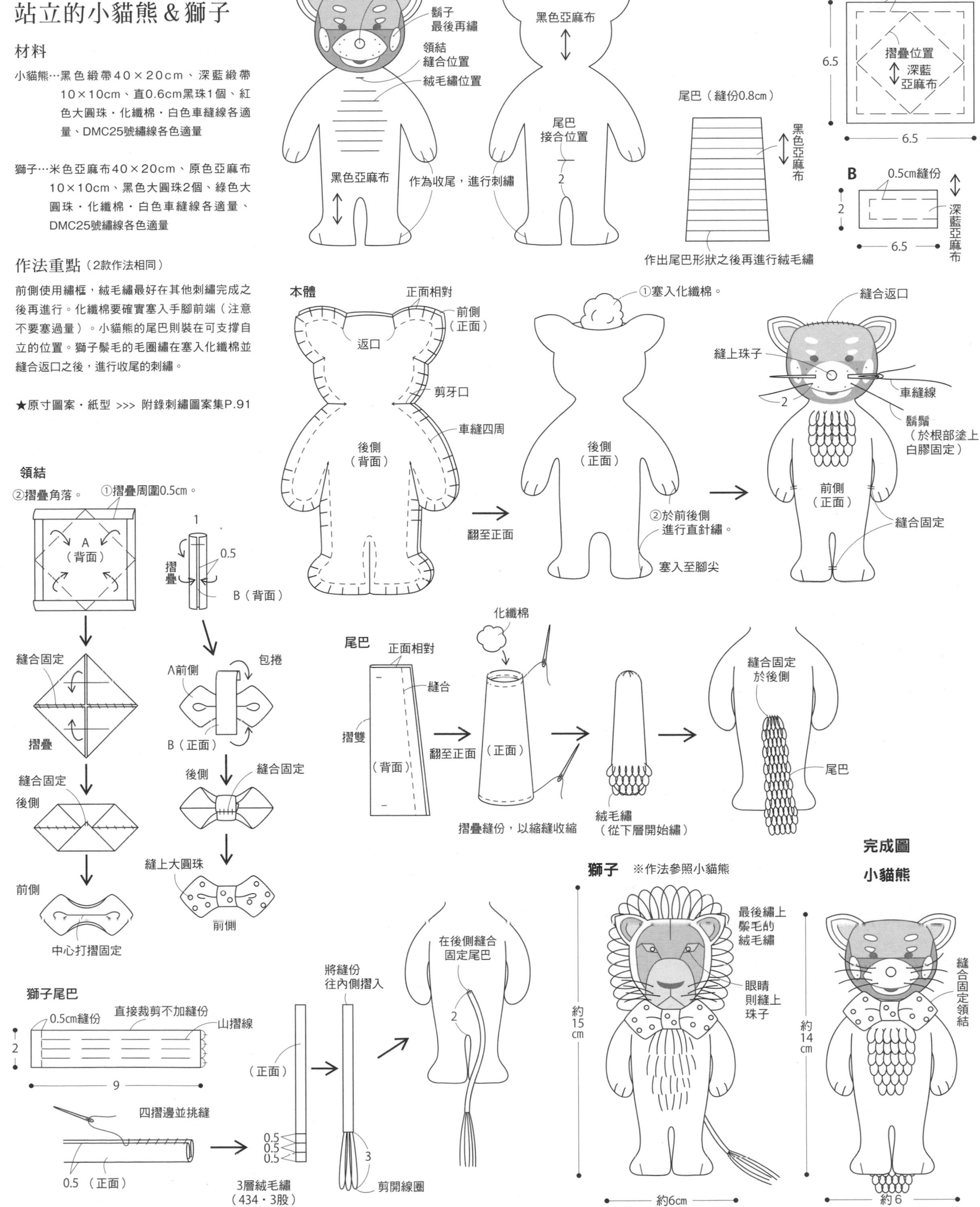

42 P.41

秋色迷你提袋

材料

原色亞麻布25×50cm、卡其色亞麻布30×45cm、黏著襯25×50cm、Olympus25號繡線各色適量

作法

1 在本體亞麻布背面黏貼黏著襯，並於前側刺繡。
2 製作2條提把。
3 將提把暫時車縫固定於袋口。
4 本體前側・後側分別與裡袋正面相對疊合，車縫袋口。
5 本體・裡袋各自正面相對疊合，於裡袋底部留下返口，進行車縫。
6 從返口翻至正面。以挑縫縫合返口。
7 熨燙袋口調整形狀。

★原寸圖案 >>> 附錄刺繡圖案集P.95

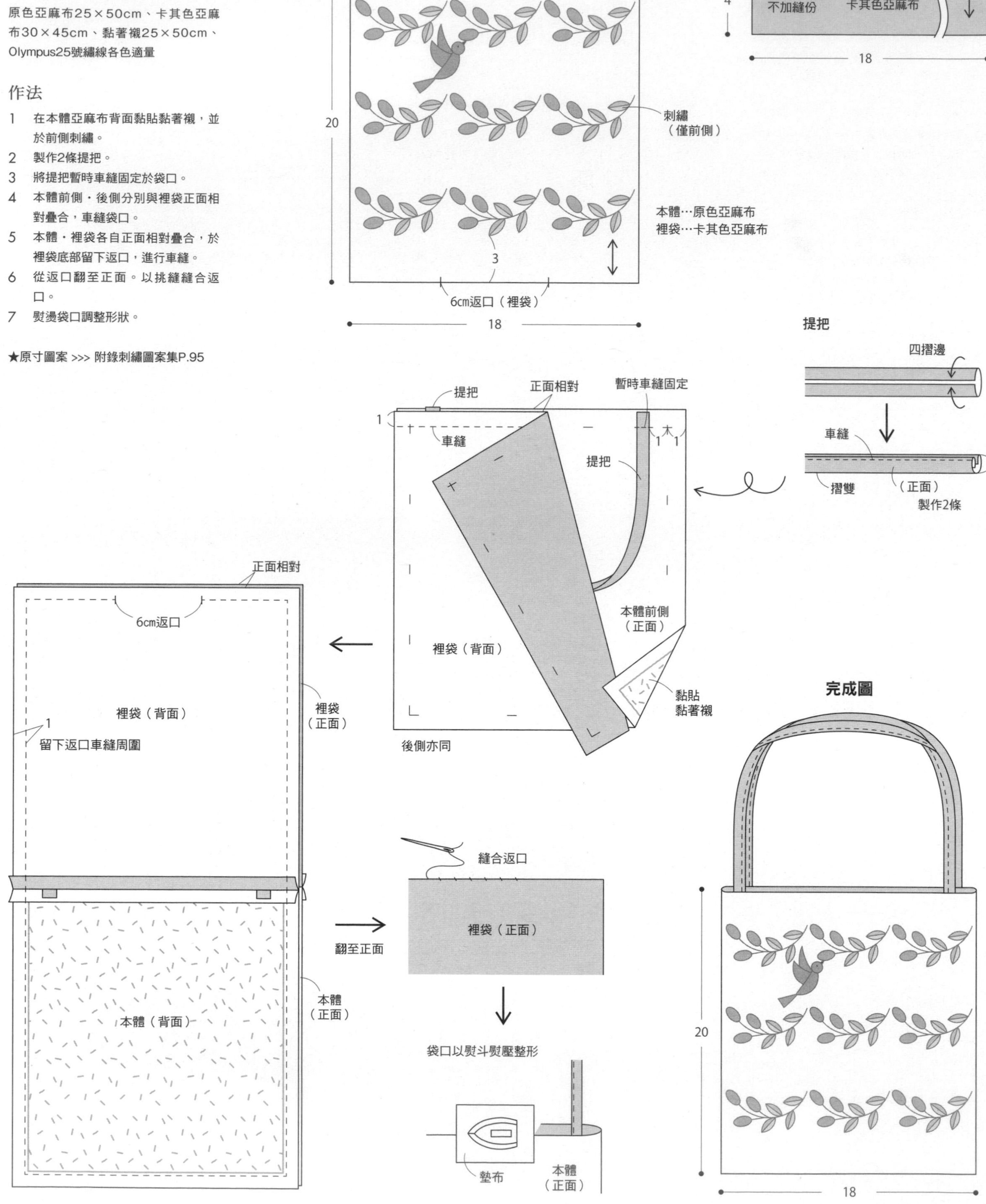

45 P.51

幾何學花紋針插

材料（1個的用量）

COSMO No.1700自由曲線機繡用棉繡布
白色（11），或煙燻藍（31）
10×20cm，直徑0.8cm珠子（孔較大的種類）・小圓珠各4個，塞入棉花適量、COSMO錦線（金蔥線）各色適量

作法

進行刺繡製作前側，與後側正面相對疊合。留下返口車縫四周，再翻至正面。製作線球，縫合於四個角落。最後塞入棉花，並縫合返口。

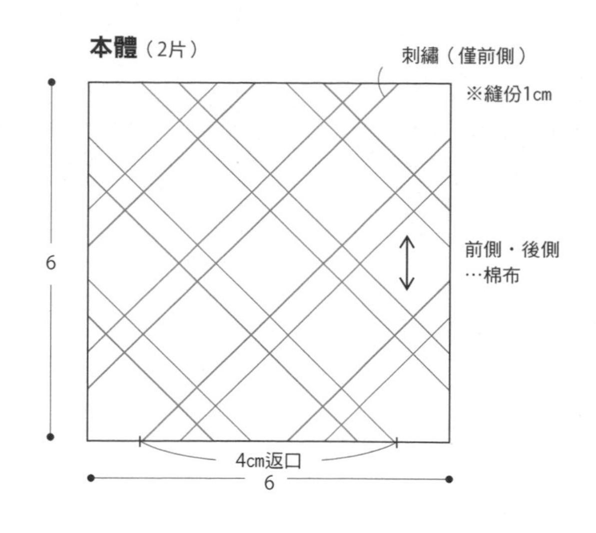

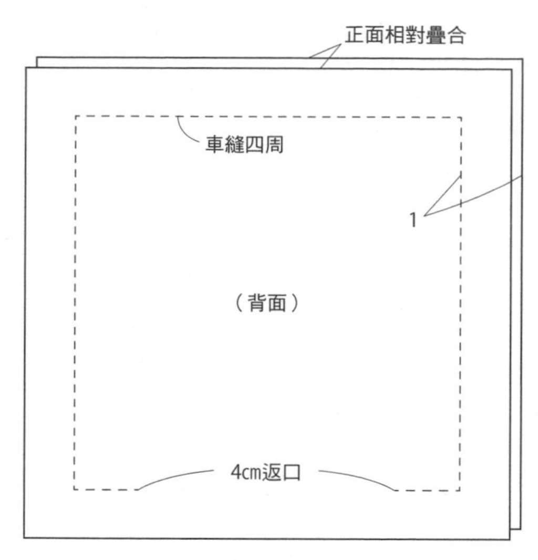

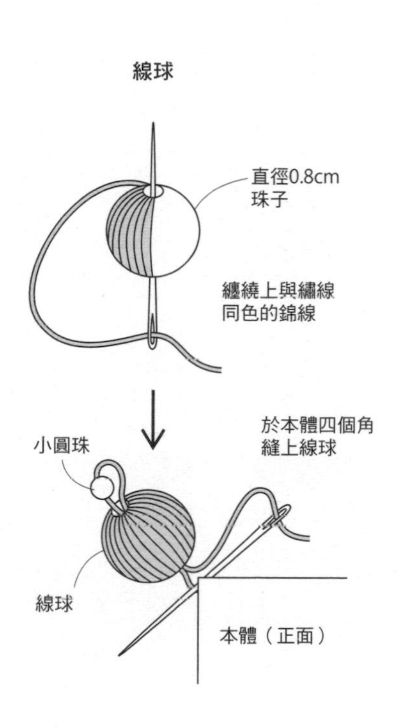

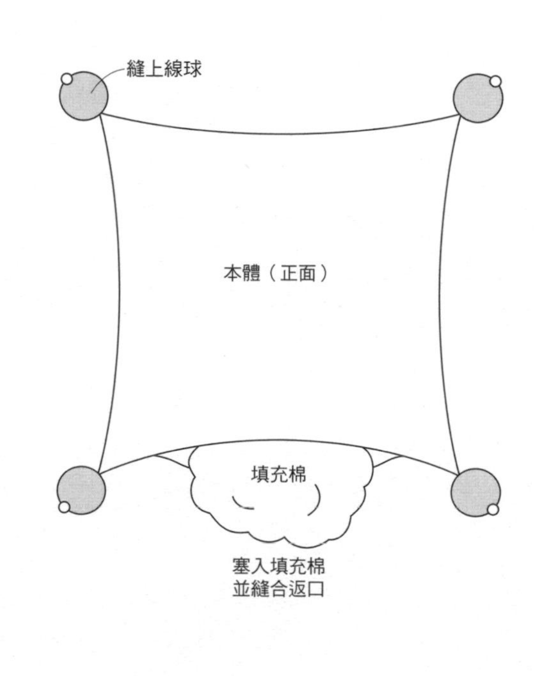

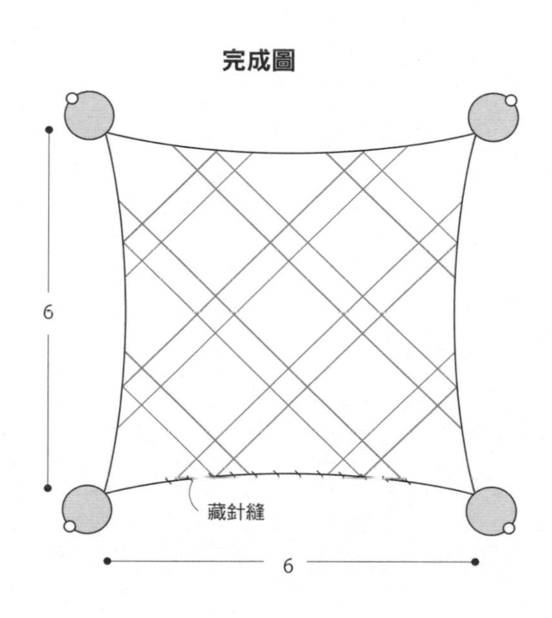

原寸圖案

全部為1股線・202或205

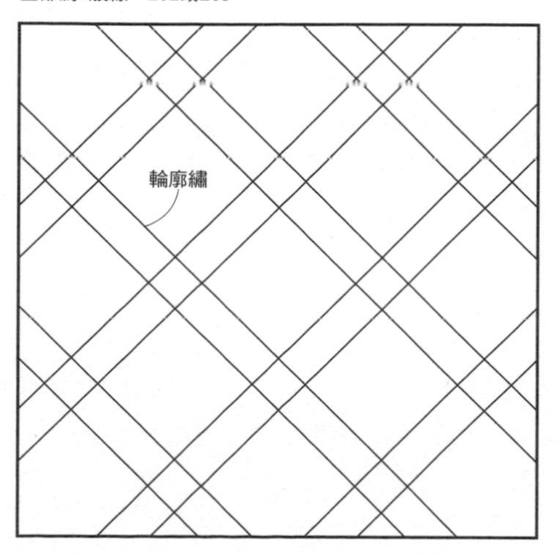

全部為2股線・201或204

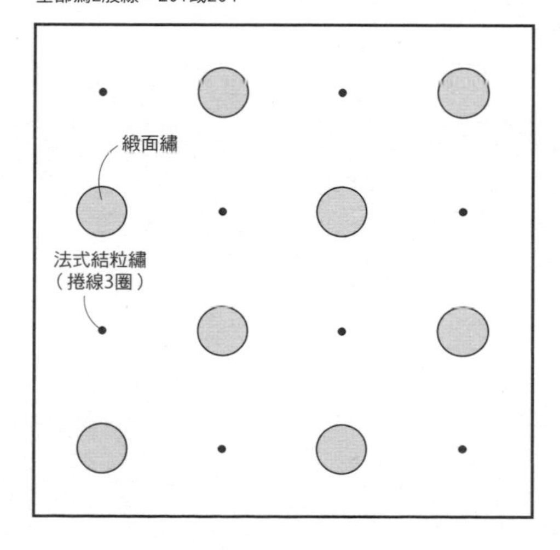

全部為1股線・203或206

全部使用COSMO錦線（金蔥線・2019年上市新色）

46至48 P.52

閃亮吊飾

材料（1個的用量）

白色或淺灰色亞麻布15×30cm、化纖棉適量、圓環…直徑0.6cm2個・0.5cm3個、COSMO25號繡線・錦線（金蔥線）各色適量

作法

1 在前側亞麻布刺繡。
2 將步驟1及後側的四周加上縫份後裁剪（在曲線處或凹陷處的縫份剪牙口）。縫份摺向內側整形。
3 將前側及後側背面相對進行捲邊縫。並在過程中塞入化纖棉。
4 將25號繡線（6股）・錦線（1股）分別剪200cm，一同搓成一條約90cm的捻繩（以下是COSMO 25號繡線／錦線的色號。作品46＝242／20、作品47＝173／12、作品48＝601／23）。
5 將捻繩縫合固定在本體四周。
6 以捻繩的同色線製作流蘇，以圓環接合於本體下方。
7 將圓環接合在本體上，再接上捻繩。

★原寸圖案 >>> A面

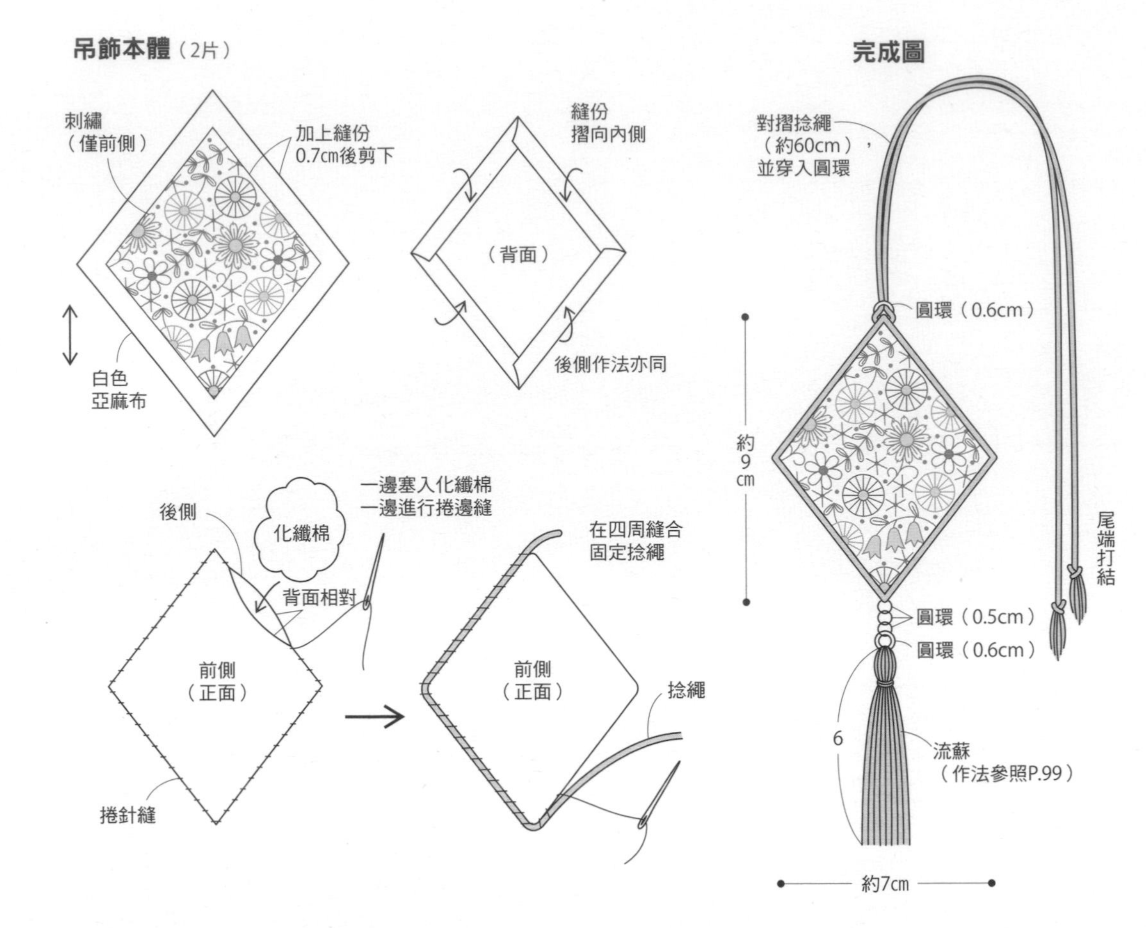

58 P.61

勇敢的小錫兵框飾

材料（雙層繡框1個的用量）

DMC亞麻布28ct（11目/1cm）粉紅色（784）35×35cm、DMC繡框直徑25cm・12.5cm各1組、DMC25號繡線221適量（使用4束）

作法重點

內側繡框（直徑12.5cm）確認圖案中心，並從亞麻布背面裝上帶有零件的外框。當裝上外側繡框時，直向・橫向一點一點地拉緊亞麻布（一開始勿朝斜向拉扯）。無論是何繡框，都要一邊確認布目一邊確實繃緊。黏貼外側繡框的黏著處，確認完全乾燥固定後，再挖除中央部分的亞麻繡布。

★圖案 >>> B面

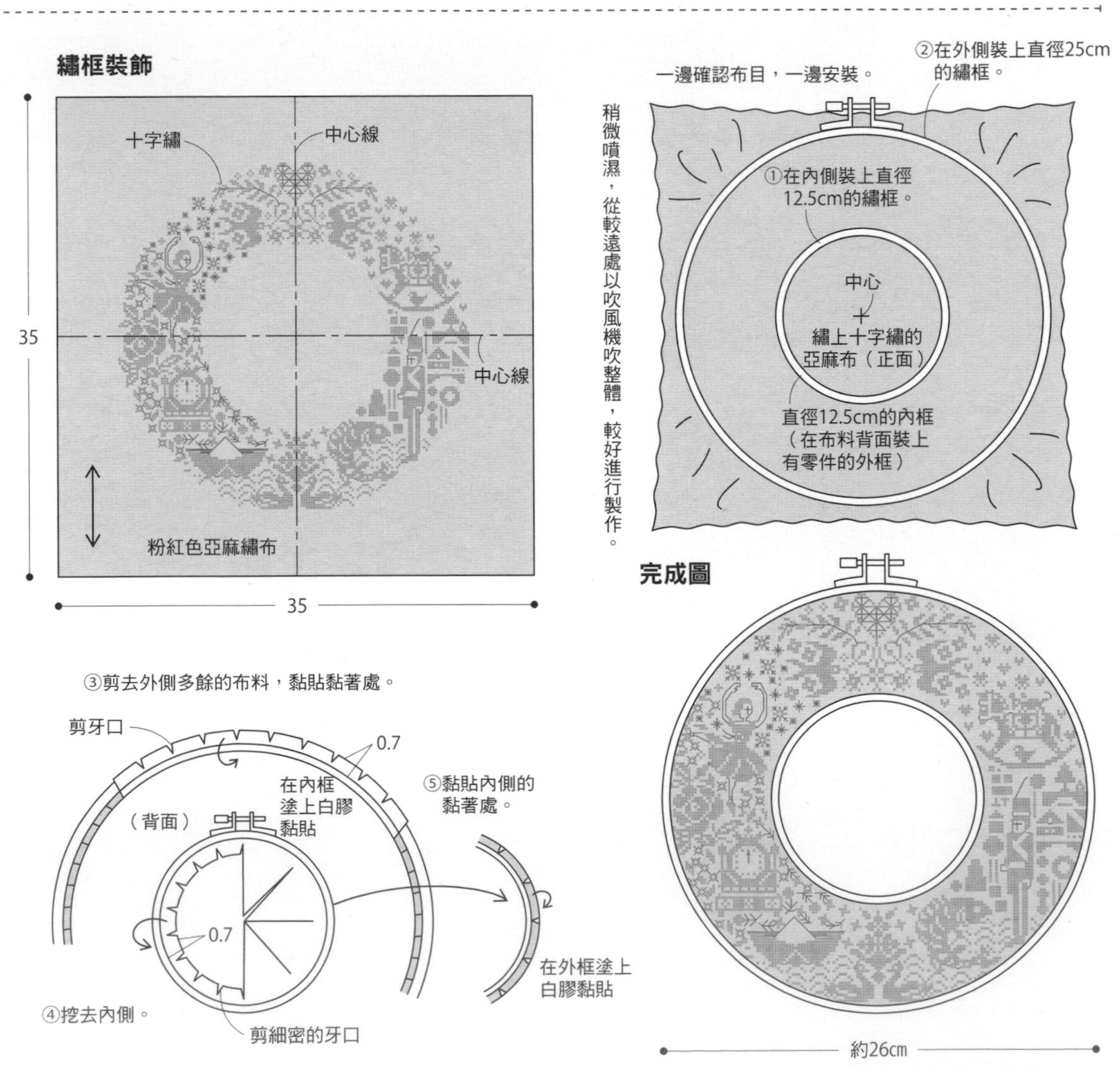

60 P.63

拇指姑娘油畫框飾

圖案

除了指定處之外皆為十字繡

全部使用OOE花線703・1股（使用4束）
亞麻布32ct（12目/1cm）米白色　※2×2目為1目
圖案完成尺寸　約19.8×14.8cm

51至54 P.54

蝴蝶結與扇子胸針

材料（作品51～54作法相同・1個的用量）

MIYUKI亮片、珠子等配件請參照圖片（數量為參考）、歐根紗白色（HC201）23×23cm 1片、珠繡裡布組（HC200 #1 珍珠白色） 裡布・襯各1片、長2.5cm的胸針底座（K508/S）1個、珠繡線（HC152 #2米色・#4黑色）適量、白膠・雙面膠各適量

作法重點

在繡框上黏貼歐根紗，以1條珠繡線縫合固定亮片和珠子。A～K使用的材料，詳細內容與繡法順序參照P.55，胸針作法參照P.113。

作品51・52 原寸圖案

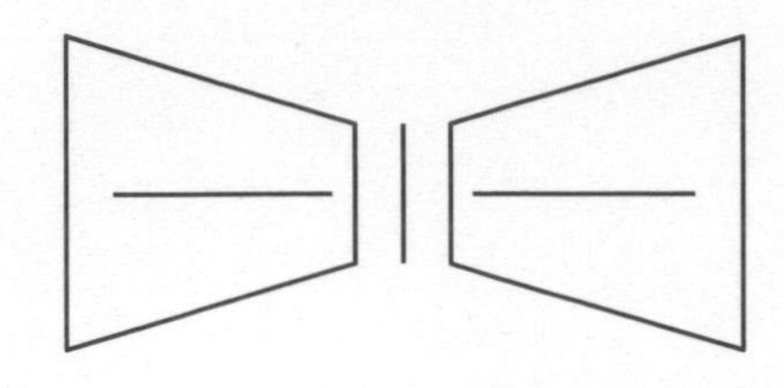

作品53・54 原寸圖案

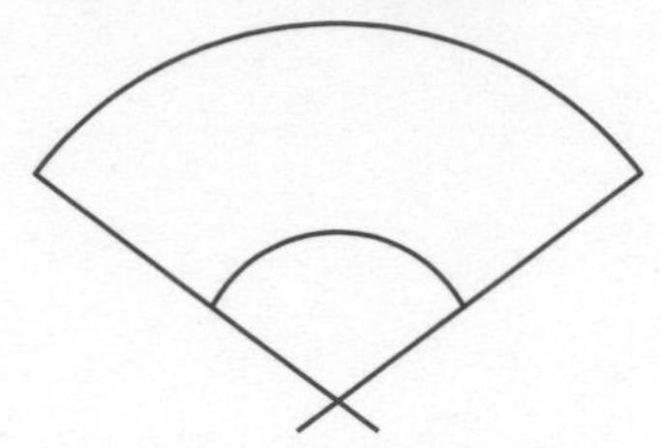

作品51・52 材料（1個的用量）

A	亮片	HC124 #101 SOLEIL 0.4cm…25片（作品52）
B	亮片	HC124 #112 SOLEIL 0.4cm…25片（作品51）
F	小圓珠	H5044 #421…約60個
H	亮片	HC114 #220 平圓形 0.4cm…36片
I	亮片	HC104 #200 六角形 0.4cm…44片
J	亮片	HC104 #220 六角形 0.4cm…52片

作品53・54 材料（1個的用量）

A	亮片	HC124 #101 SOLEIL 0.4cm…16片（作品53）
B	亮片	HC124 #112 SOLEIL 0.4cm…16片（作品54）
C	亮片	HC104 #100 六角形 0.4cm…20片
D	管珠	H62/3mm #3…16個（作品53）
E	管珠	H5105/3mm #451…16個（作品54）
G	亮片	HC115 #200 平圓形 0.5cm…9片
H	亮片	HC114 #220 平圓形 0.4cm…5片
K	亮片	HC105 #200 六角形 0.5cm…16片

※個數、片數是實際作品當中所使用的數量
依照繡法不同，所需數量多少會有改變
以良好的協調填滿圖案內部，進行刺繡

亮片連續繡

重疊半徑長度的刺繡方式
緊緊拉線，毫不鬆弛地進行刺繡

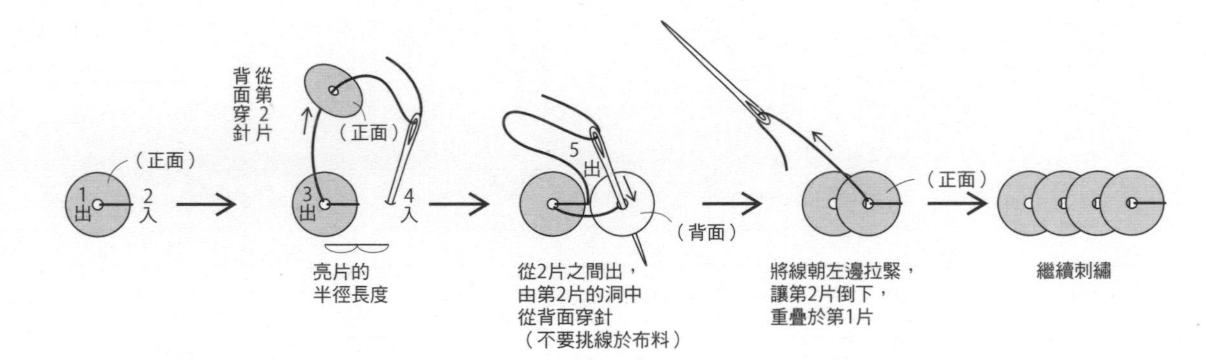

亮片單側繡

僅固定半徑長度（單側）
依照圖案・作品的需求，
也有1出・2入相反的情況。

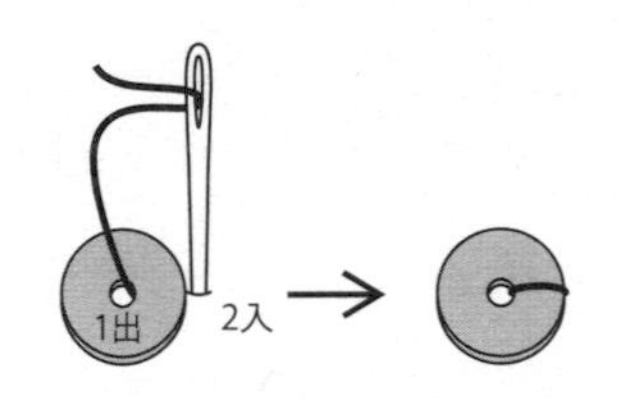

亮片雙側繡

各取半徑長度，固定兩側

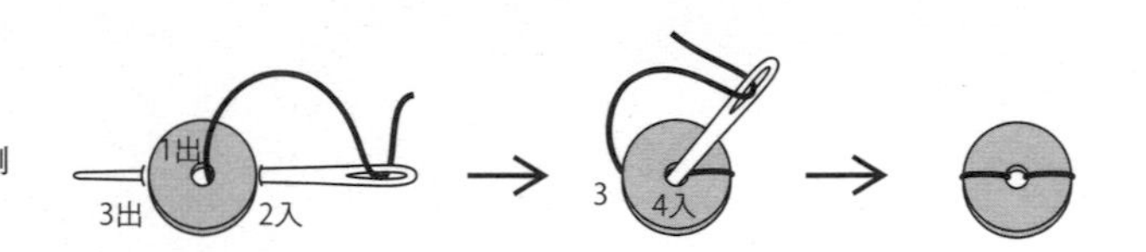

串珠回針繡

即使只固定1個珠子，
繡法也相同

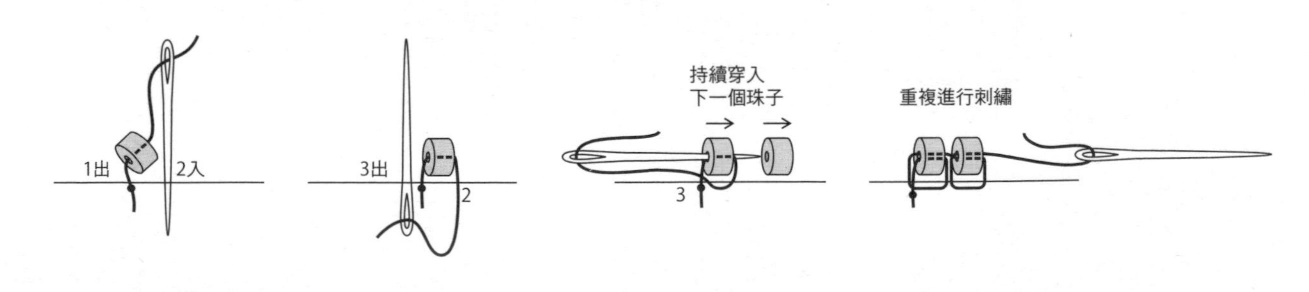

串珠釘線繡

以釘線繡的訣竅，
在連續穿入的珠子之間
以別條線固定

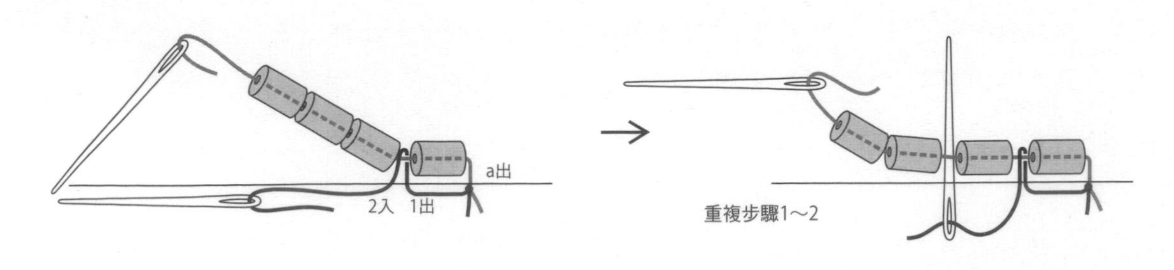

珠繡的基礎

繡框的準備

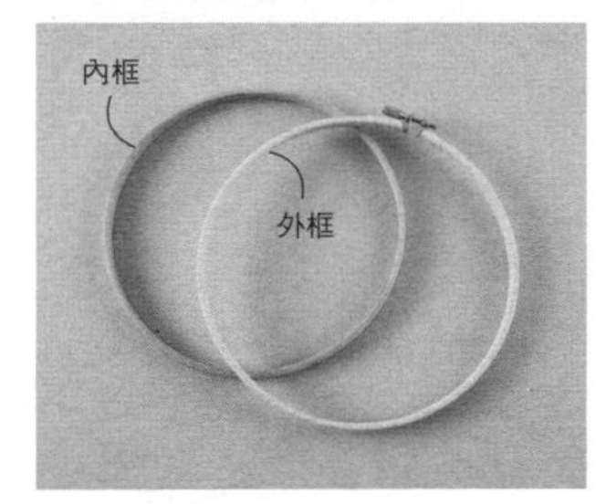

1
預先在繡框外框纏繞上棉布條，用以止滑。起點與終點以雙面膠黏貼，訣竅在於以兩頭不重疊的對接方式纏繞。

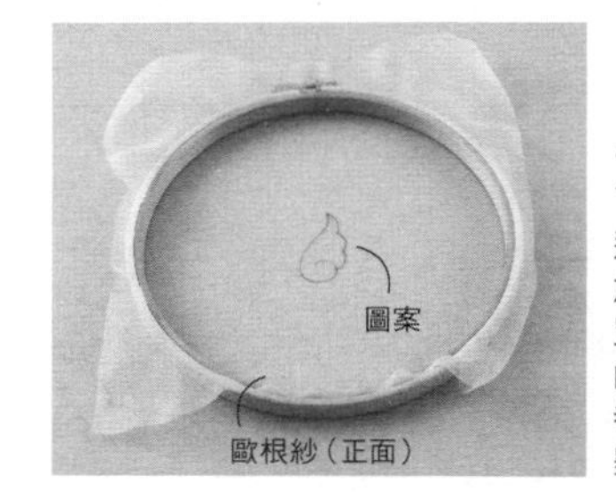

2
避免歐根紗鬆弛地緊緊繃布於繡框上。以繃布面朝下放置的狀態，描上圖案，珠繡的進行以及收線處理等步驟都會較容易進行。圖案以膠墨筆（白）描圖。

歐根紗
HC201
聚酯纖維100%，容易使用。23×23cm 2片裝（洽詢/MIYUKI）

珠繡的起繡

為了避免線尾打結處從歐根紗脫落，事先在距離起繡位置稍遠處回針縫1小針（＝點針繡Petit Point）。重疊兩回使針目呈十字狀。

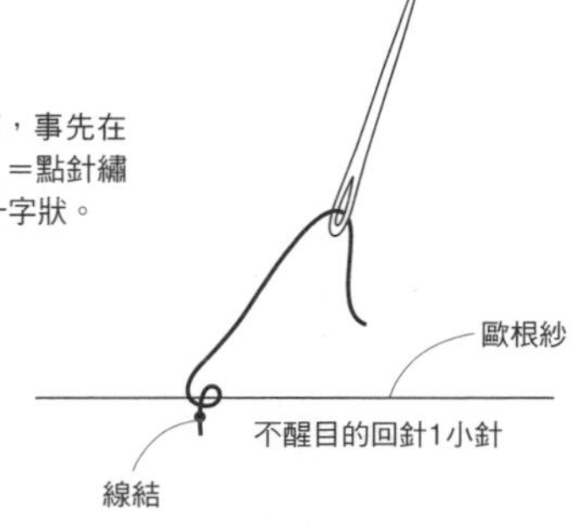

亮片的正反面

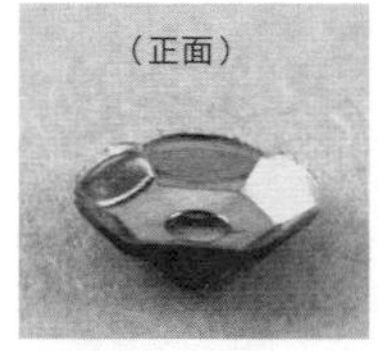

六角形亮片如同碗一般，凹面為正面。若無特別指定，正面朝上進行刺繡。

具有放射狀花紋的亮片「SOLEIL」。孔洞與四周無軋形時的凸起，邊緣工整的一側為正面。

終繡的收線（打結）

與起繡相同，在進行點針繡之後打結固定。

1 於布料背面，繞線在懸空於布料的繡針2、3圈。

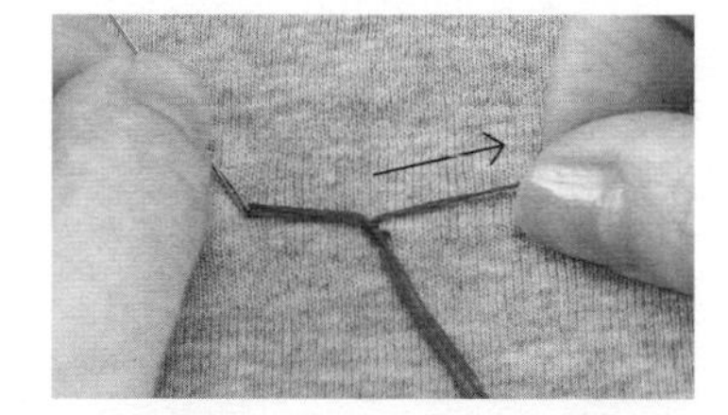

2 輕輕拔針，以右手拉線直到線結碰到布料為止。

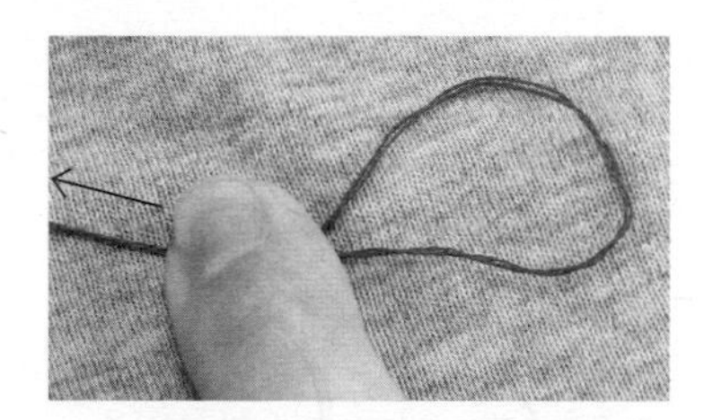

3 以手指緊緊壓住線結，拉緊連接著繡針的線。

4 線結完成。藏線於布料背面的針目數回之後，剪斷繡線。

胸針

珠繡裡布組
（珍珠白色）
HC200 #1
是能在歐根紗上簡單漂亮地繡上圖案的組合。皮革質感的「裡布」及透明PP塑膠板的「芯片」各2片裝。8×8cm。（洽詢／MIYUKI）

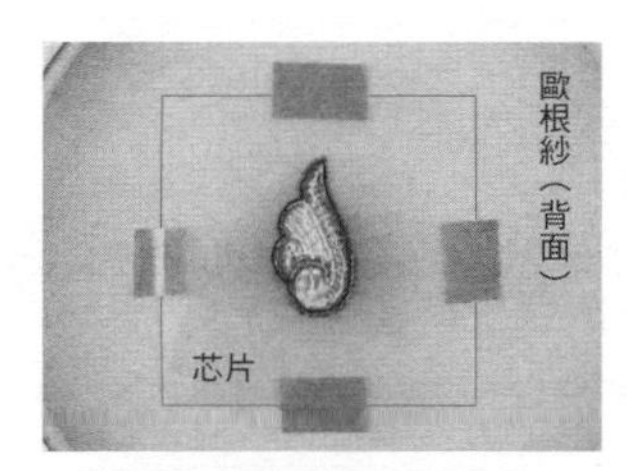

1 在繡好的圖案背面放上芯片，以油性筆描圖。

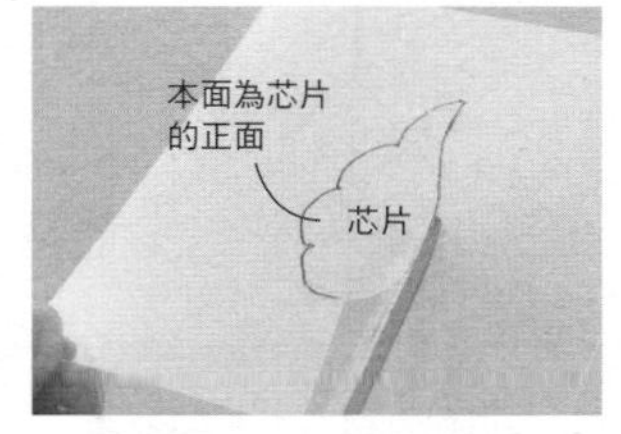

2 修剪在步驟1作的記號內側。

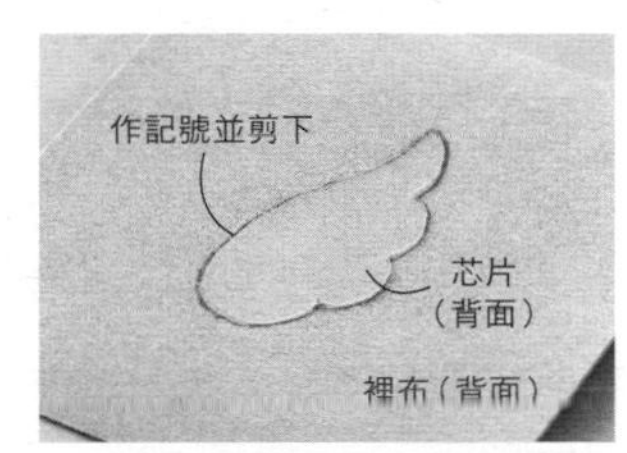

3 將芯片翻到背面，並放置在裡布背面。沿著芯片作上記號並修剪。

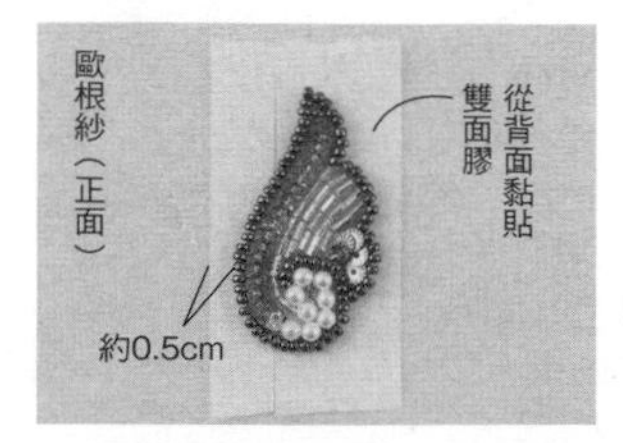

4 在圖案部分的背面，黏貼上體積略大的雙面膠。

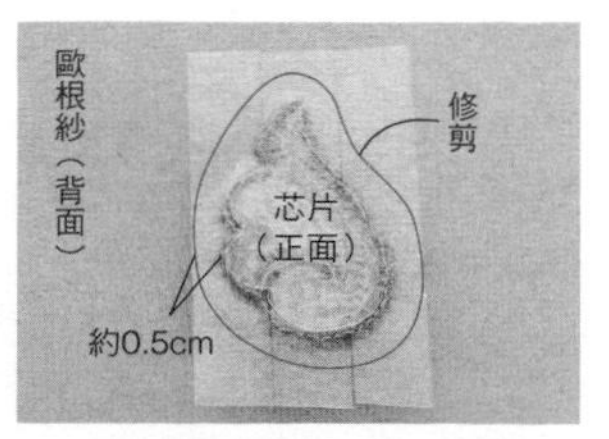

5 撕除雙面膠背紙，配合圖案黏上芯。加上黏貼處，修剪四周。

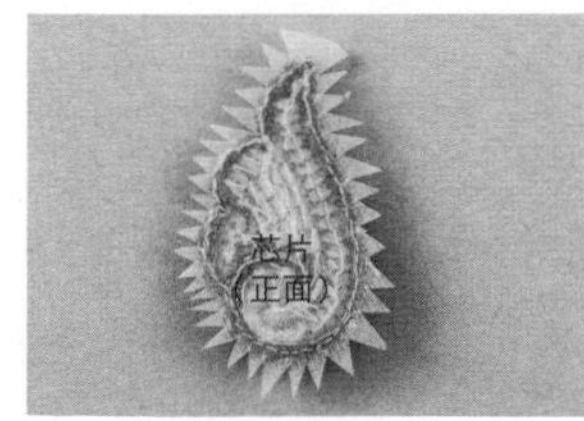

6 在周圍黏貼處剪出細密的缺口。

7 將呈鋸齒狀的黏貼處往內側摺疊黏貼，作出圖案形狀。

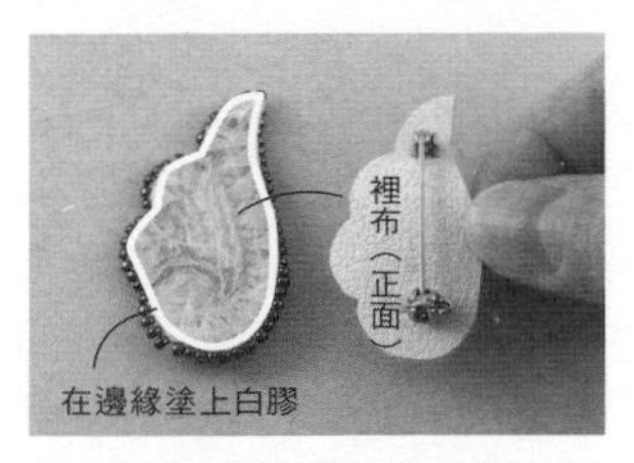

8 在裡布剪出切口，穿入胸針，與步驟7背面相對黏貼。

61 P.64

麵包籃

材料

Graziano亞麻布・Siena（13目／1cm）Greggio55×55cm、寬0.8cm四摺斜布條150cm、寬0.7cm亮面緞帶220cm、Anchor Ritorto Fiorentino 8號・12號繡線各色適量、金線・銀線各適量

作法

1 在亞麻繡布上繡A～D。並在指定位置繡孔眼繡。
2 剪去四周多餘縫份，調整成直徑46cm。周圍以斜布條包捲滾邊。
3 將緞帶穿入孔眼繡之中，作成立體狀。

★圖案 >>>A面

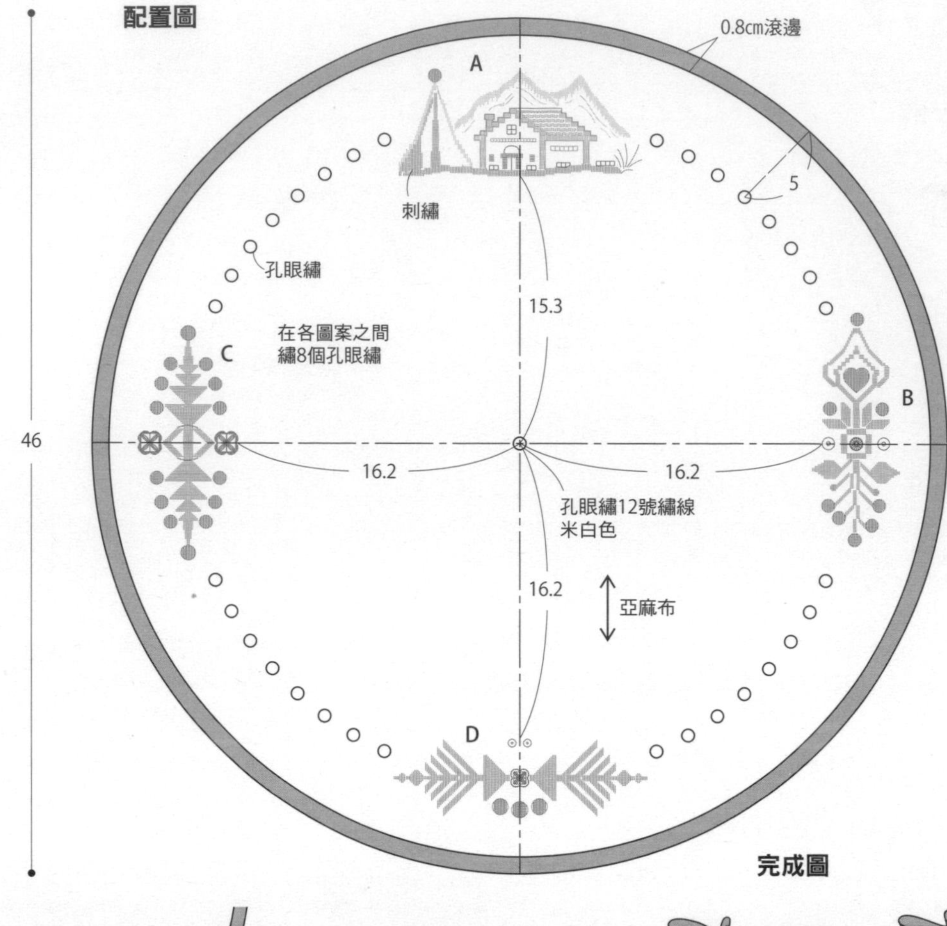

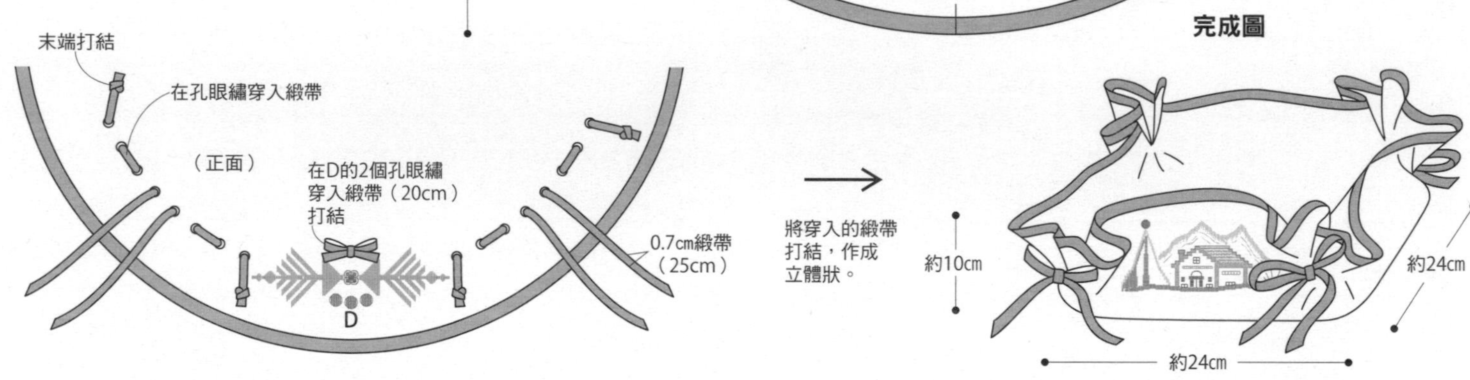

雙排輪廓繡

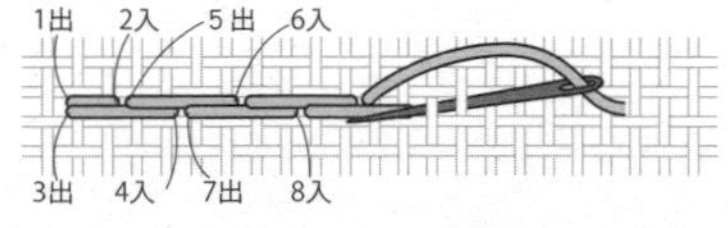

捲線繡

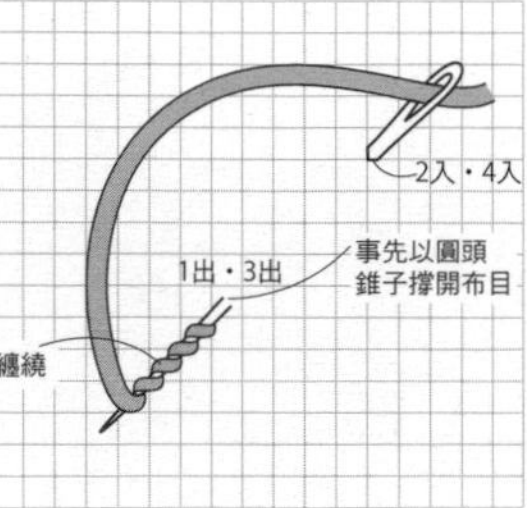

緞面繡

17 18
15 16
13 14
11 12
9 10
7 8
5 6
3 4
1出 2入

孔眼繡

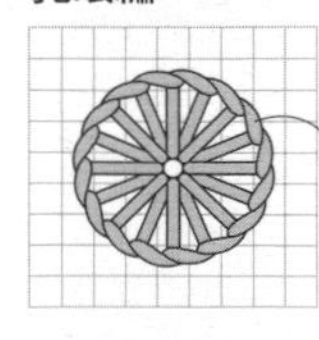

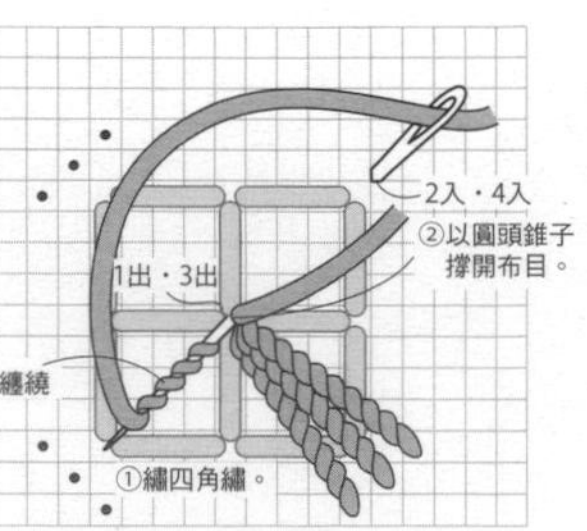

※無四角繡標示的位置，只繡捲線繡。

四角繡

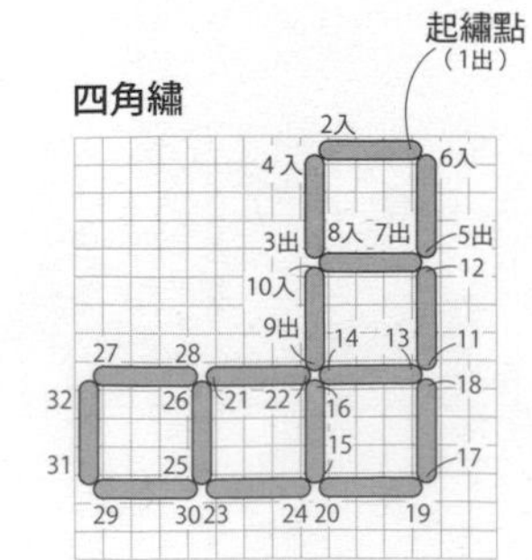

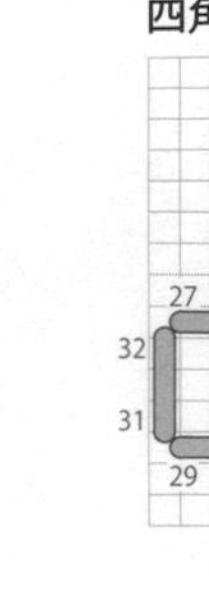

釦眼繡

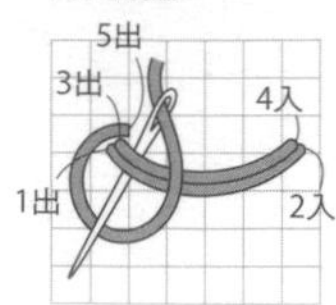

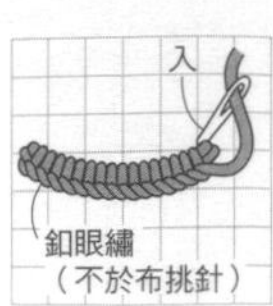

62 P.67

××××

編織書

材料（1個的用量）

COSMO寬5cm長條亞麻繡布（25ct・10目／1cm）白（1）或是原色（3）20cm、毛氈布20×20cm、寬0.5cm緞帶30cm、FUJIX Sparkle Lame・DMC 25號繡線各色適量。

作法

1 在長條亞麻繡布上刺繡，製作本體。
2 準備毛氈布a・b・c。以鋸齒剪刀修剪b・c四周。3片重疊，縫合固定中心，製作內側。
3 將本體兩側縫份往內摺，縫合固定緞帶。
4 將本體與內側背面相對疊合。對齊中心，將內側四周挑縫於本體上。

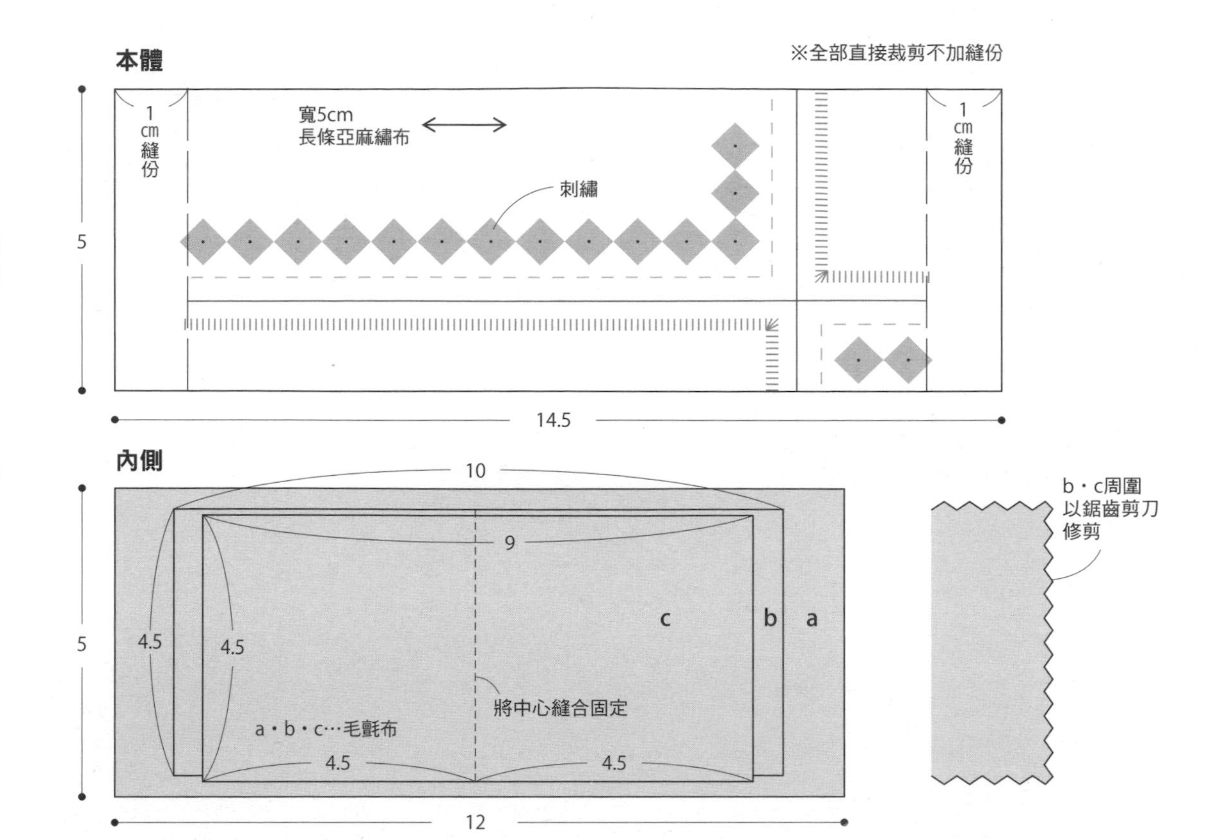

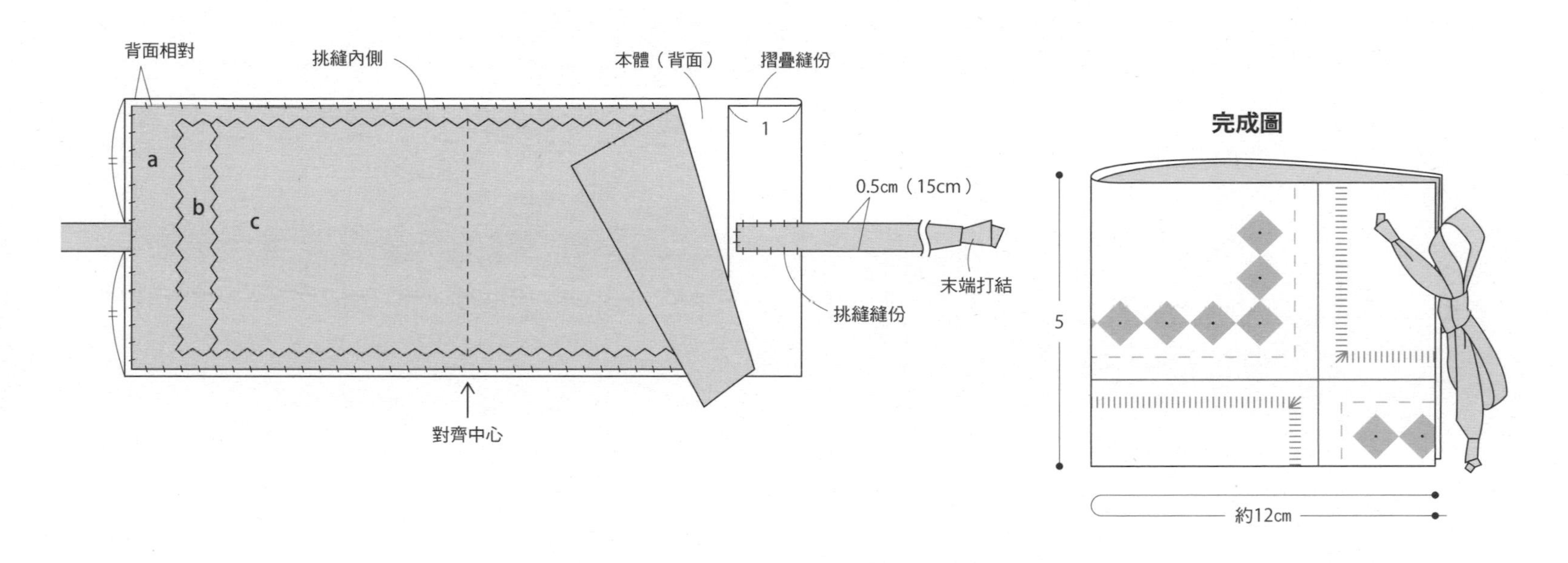

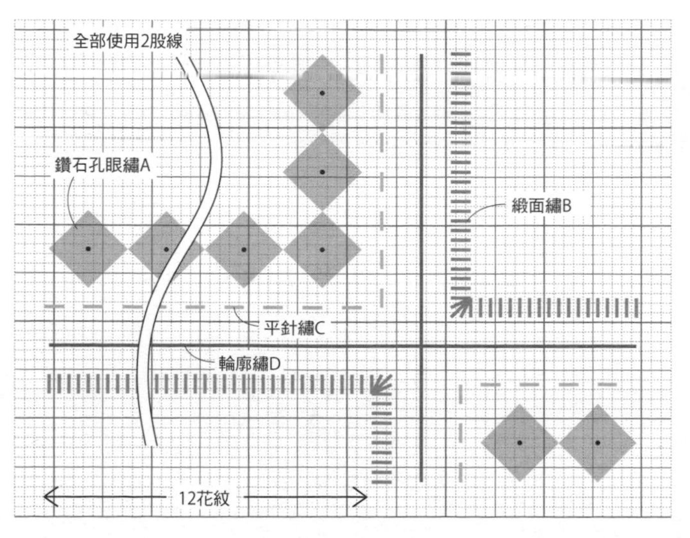

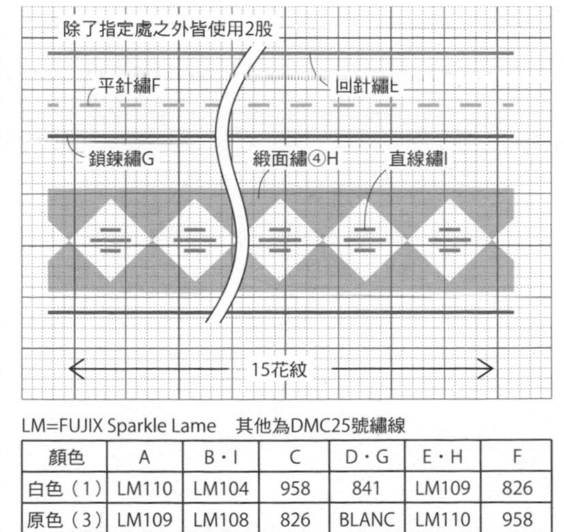

LM=FUJIX Sparkle Lame　其他為DMC25號繡線

顏色	A	B・I	C	D・G	E・H	F
白色（1）	LM110	LM104	958	841	LM109	826
原色（3）	LM109	LM108	826	BLANC	LM110	958

COSMO寬5cm長條亞麻繡布（25ct・10目/1cm）

鑽石孔眼繡

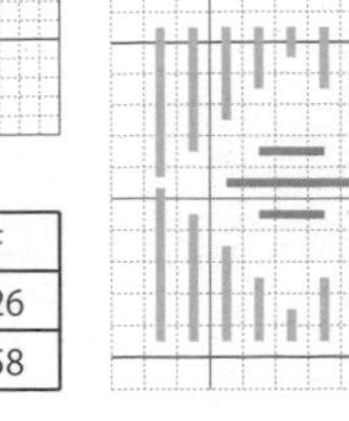

緞帶繡&直針繡

63 P.67

××××

掛飾

材料（1個的用量）

COSMO寬5cm長條亞麻繡布（25ct・10目／1cm）白（1）或是原色（3）15cm、化纖棉・寬0.5cm緞帶・喜愛的珍珠或切面珠各適量、FUJIX Sparkle Lame LM111・LM112・208・LM211各適量

作法

1 在長條亞麻繡布上繡絨毛繡。 花圈使用6股線，第1圈從圖案線上以逆時鐘進行刺繡（線圈朝外）。第2圈則緊鄰第1圈於內側進行順時鐘方向刺繡（線圈朝內）。樹木則使用8股線從左到右繡4排。從下排提起繡朝上進行，就不會被線圈干擾。刺繡完畢後就剪斷線圈環狀處，將絨毛剪齊成1cm。

2 將緞帶、珍珠及切面珠等飾品縫合固定於花圈及樹木上。

3 將長條亞麻繡布的上下邊緣縫份往背面摺，背面相對對摺。於上側夾入緞帶，並於過程中填入化纖棉，同時將3邊進行捲針縫。

花圈

1cm縫份
中心線
12
5
直徑3cm
摺雙
5

樹木

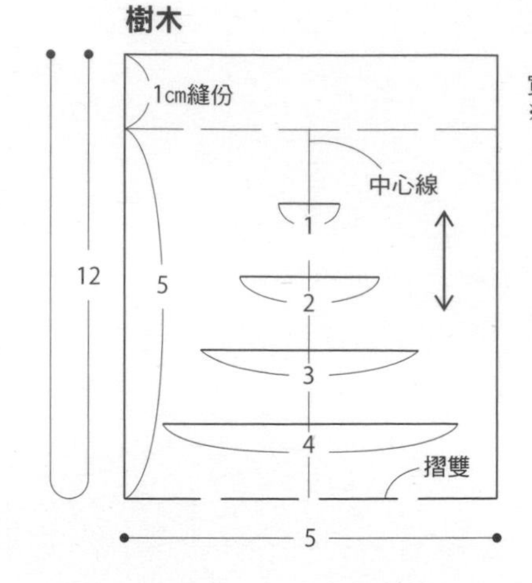

寬5cm的長條亞麻布
※全部直接裁剪不加縫份

花圈的繡法

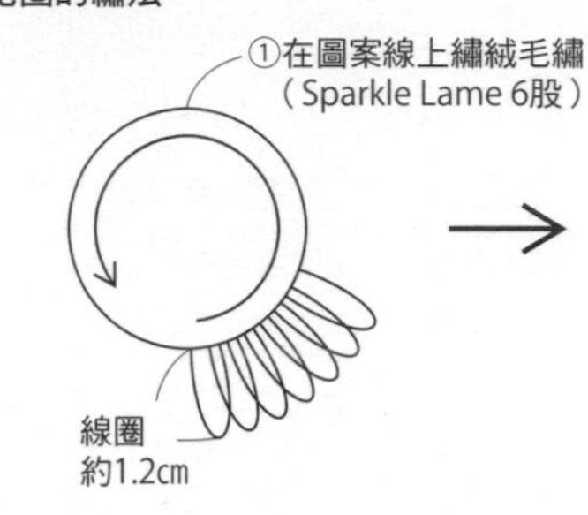

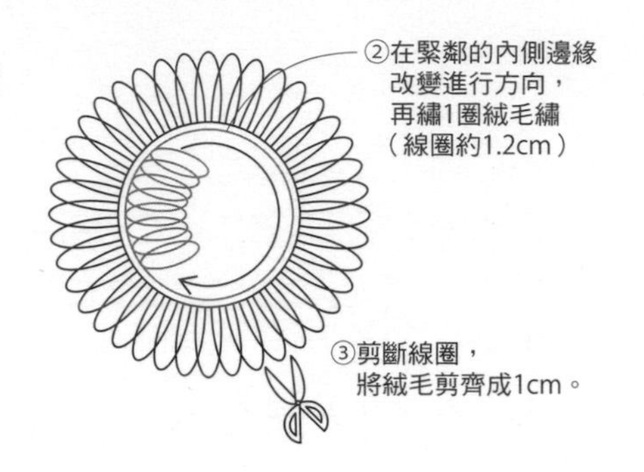

樹木的繡法

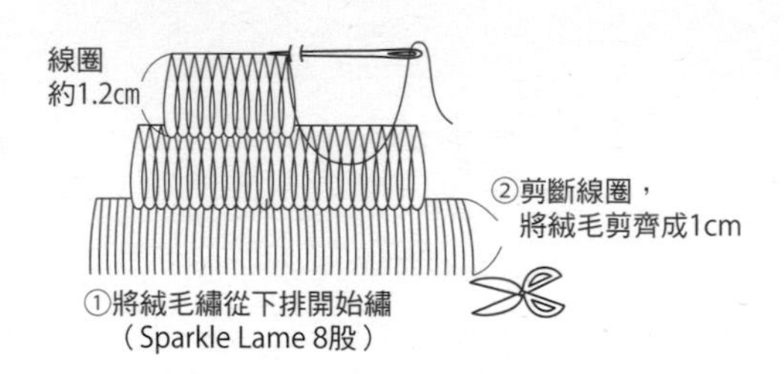

縫製方法

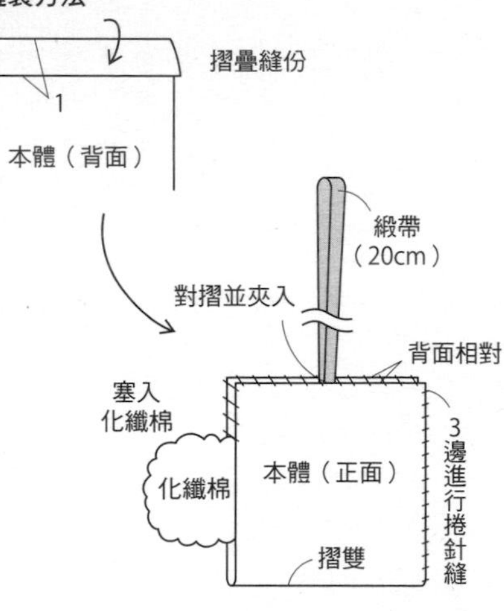

原寸圖案

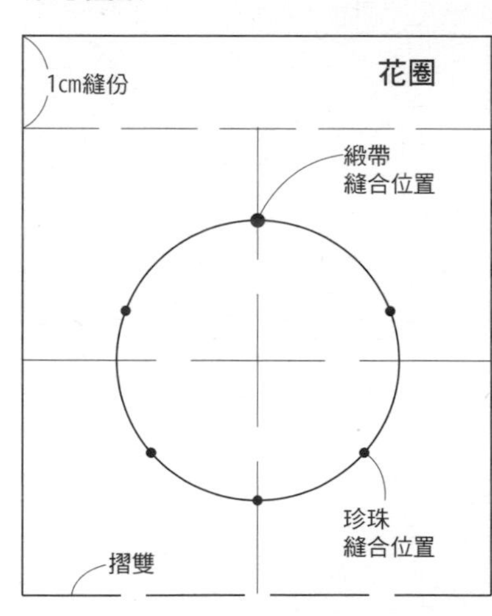

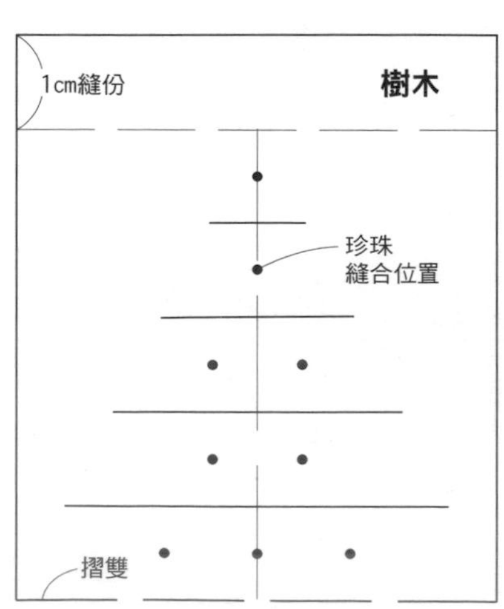

完成圖

花圈

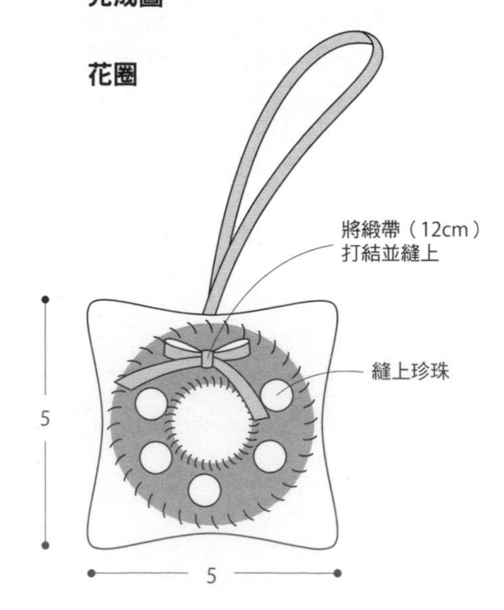

樹木

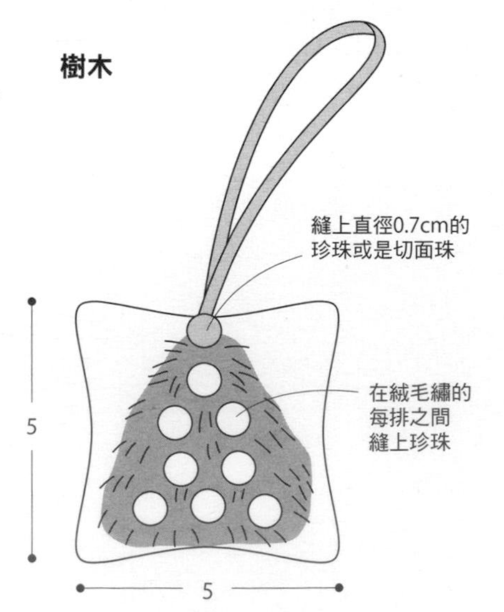

穿越童話夢想！
自己親手作好可愛的娃娃胸針＆吊飾・
陪伴玩偶・換裝娃娃……
5人作家・5種風格主題
★永遠不變的浪漫情懷—羅曼蒂克風格的布娃娃
★洋溢著懷舊感的鄉村風娃娃
★最愛Raggedy Ann娃娃的風格魅力
★充滿笑容的小小女孩
★木製的漫畫繪本人物偶
超可愛
娃娃布偶&木頭偶
超可愛娃娃布偶＆木頭偶
5人作家愛藏精選！美式鄉村風╳漫畫繪本人物╳童話幻想
今井のりこ・鈴木治子・斉藤千里・田畑聖子・坪井いづよ◎合著
平裝／112頁／21×26cm
彩色＋單色／定價380元

Stitch 刺繡誌 16

手作人の刺繡歲時記

童話系十字繡VS質感流緞面繡

日本VOGUE社◎授權

定價450元

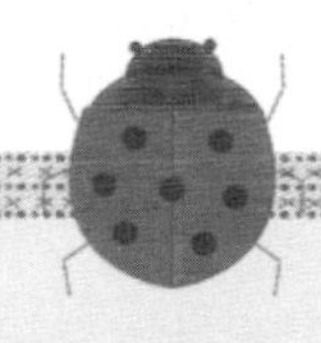

Stitch 刺繡誌 01

花の刺繡好點子：

80+春日暖心刺繡×可愛日系嚴選VS北歐雜貨風定番手作

日本VOGUE社◎授權

定價380元

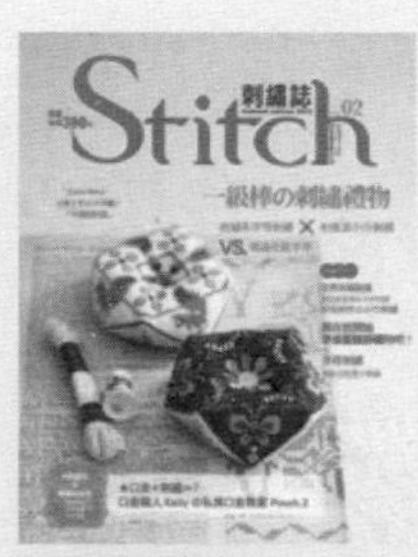

Stitch 刺繡誌 02

一級棒の刺繡禮物：

祝福系字母刺繡×和風派小巾刺繡VS環遊北歐手作

日本VOGUE社◎授權

定價380元

Stitch 刺繡誌 03

私の刺繡小風景

打造秋日の手感心刺繡

幸福系花柄刺繡×可愛風插畫刺繡VS彩色刺子繡

日本VOGUE社◎授權

定價380元

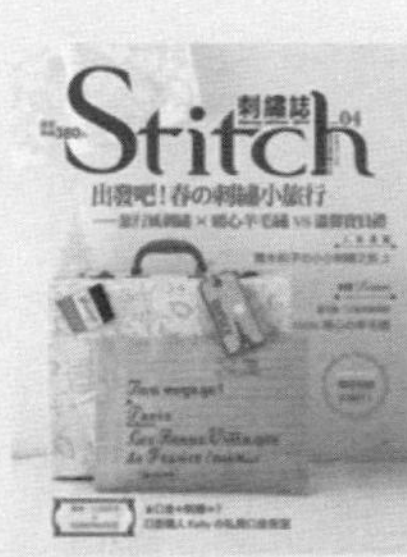

Stitch 刺繡誌 04

出發吧！

春の刺繡小旅行——

旅行風刺繡×暖心羊毛繡VS溫馨寶貝禮

日本VOGUE社◎授權

定價380元

Stitch 刺繡誌 05

手作人の刺繡熱：

記憶裡盛開的花朵青春－

可愛感花朵刺繡×日雜系和風刺繡VS優雅流緞帶繡

日本VOGUE社◎授權

定價380元

Stitch 刺繡誌 06

繫上好運の春日手作禮

刺繡人の祝福提案特輯－

幸運系紅線刺繡VS實用裝飾花邊繡

日本VOGUE社◎授權

定價380元

Stitch 刺繡誌 07

刺繡人×夏日色彩學：

私の手作

COLORFUL DAY ——

彩色故事刺繡×手感瑞典刺繡

日本VOGUE社◎授權

定價380元

Stitch 刺繡誌 08

手作好日子！

季節の刺繡贈禮計劃：

連續花紋繡VS極致鏤空繡

日本VOGUE社◎授權

定價380元

Stitch 刺繡誌 09

刺繡の手作美：

春夏秋冬の優雅書寫

簡易釘線繡VS綺麗抽紗繡

日本VOGUE社◎授權

定價380元

Stitch 刺繡誌 10

彩色の刺繡季節：

手作人最愛の好感居家提案

優雅風戶塚刺繡vs回針繡的應用

日本VOGUE社◎授權

定價380元

Stitch 刺繡誌 11

刺繡花札——幸福展開！

職人的美日手作

質感古典繡vs可愛小布繡

日本VOGUE社◎授權

定價380元

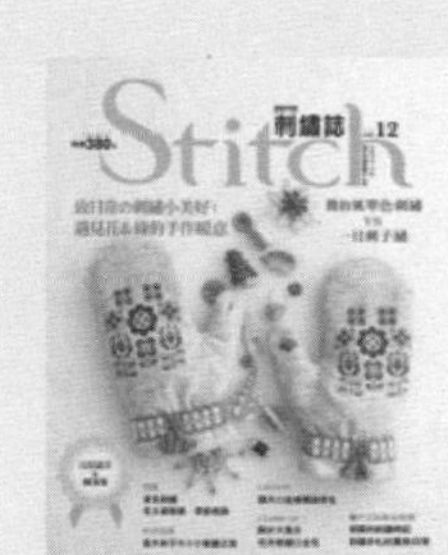

Stitch 刺繡誌 12

致日常の刺繡小美好！

遇見花&綠的手作暖意

簡約風單色刺繡VS一目刺子繡

日本VOGUE社◎授權

定價380元

Stitch 刺繡誌 13

夢想無限！

刺繡人の手作童話國度

歐風刺繡VS繽紛十字繡

日本VOGUE社◎授權

定價380元

Stitch 刺繡誌 14

漫遊春日の刺繡旅行

收藏在縫紉盒裡的回憶手作－

裝飾髮辮繡×實用織補繡

日本VOGUE社◎授權

定價380元

Stitch 刺繡誌 15

私の刺繡花房

甜美刺子繡VS復刻株本繡

日本VOGUE社◎授權

定價450元

Stitch刺繡誌特輯 01

手作迷繡出來！

一針一線×幸福無限：

最想擁有の刺繡誌人氣刺繡圖案Best 75

日本VOGUE社◎授權

定價380元

Stitch刺繡誌特輯 02

完全可愛のSTITCH

人氣繪本圖案100：

世界旅行風×手感插畫系×初心十字繡

日本VOGUE社◎授權

定價450元

Stitch刺繡誌特輯 03

STITCHの刺繡花草日季：

手作迷の私藏

刺繡人氣圖案100＋

可愛Baby風小刺繡×春夏好感系布作

日本VOGUE社◎授權

定價450元

Stitch刺繡誌 16

Stitch刺繡誌
手作人の刺繡歲時記
童話系十字繡VS質感流緞面繡

國家圖書館出版品預行編目 (CIP) 資料

手作人の刺繡歲時記：童話系十字繡 VS 質感流緞面繡 / 日本 VOGUE 社授權；周欣芃譯 . -- 初版 . -- 新北市：雅書堂文化，2020.04
面；　公分 . --（刺繡誌；16）
ISBN 978-986-302-533-7(平裝)

1. 刺繡

426.2　　109002104

授權　日本 VOGUE 社
譯者　周欣芃
發行人　詹慶和
執行編輯　黃璟安
編輯　蔡毓玲・劉蕙寧・陳姿伶・陳昕儀
執行美編　周盈汝
美術編輯　陳麗娜・韓欣恬
內頁排版　造極彩色印刷
出版者　雅書堂文化事業有限公司
發行者　雅書堂文化事業有限公司
郵政劃撥帳號　18225950
戶名　雅書堂文化事業有限公司
地址　新北市板橋區板新路 206 號 3 樓
網址　www.elegantbooks.com.tw
電子郵件　elegant.books@msa.hinet.net
電話　(02)8952-4078
傳真　(02)8952-4084

經銷／易可數位行銷股份有限公司
地址／新北市新店區寶橋路 235 巷 6 弄 3 號 5 樓
電話／ (02)8911-0825
傳真／ (02)8911-0801

2020 年 04 月初版一刷　定價／ 450 元

STITCH IDEES VOL.30 (NV80626)

Photographer: Toshikatsu Watanabe, Yukari Shirai, Noriaki Moriya, Ayako Hachisu,Nobuhiko Honma,
Ikue Takizawa
Original Japanese edition published in Japan by NIHON VOGUE Corp.
Traditional Chinese translation rights arranged with NIHON VOGUE Corp.through Keio Cultural Enterprise Co., Co.,Ltd.Traditional Chinese edition copyright © 2020 by Elegant Books Cultural Enterprise Co., Ltd.

Staff

日文原書製作團隊
設計　塙美奈・塚田佳奈・石田百合絵・清水真子（ME&MIRACO）
　天野美保子（P.26至P.29）
攝影　渡辺淑克・白井由香里・滝沢育絵・蜂巣文香・本間伸彦・森谷則秋鈴木亜希子・伊東朋惠
造型　鈴木亜希子・西森萌
原稿整理　鈴木さかえ
繪圖　まつもとゆみこ
編輯協力　梶謡子　石澤季里
編輯　佐々木純　西津美緒
編輯長　石上友美